AF639057

ZEITSCHRIFT FÜR ANGEWANDTE GEOLOGIE

HERAUSGEGEBEN VOM
ZENTRALEN GEOLOGISCHEN INSTITUT
IM AUFTRAG DES
STAATSSEKRETARIATS FÜR GEOLOGIE

AUS DEM INHALT

AKADEMIE-VERLAG · BERLIN

BAND 15 / HEFT 8
AUGUST 1969
SEITE 389—444

Redaktionsbeirat

Prof. Dipl.-Berging. K. BÜHRIG, Nordhausen — Prof. Dr. O. GEHL, Schwerin — Prof. Dr. R. HOHL, Halle (Saale) — Prof. Dr. E. KAUTZSCH, Berlin — Prof. Dr. R. LAUTERBACH, Leipzig — Dr. R. MEINHOLD, Freiberg (Sa.) — Dr. G. NOSSKE, Leipzig — Dr. H. REH, Jena — Prof. Dr. H. J. RÖSLER, Freiberg (Sa.) — Prof. Dr. A. WATZNAUER, Freiberg (Sa.) — Dr. R. WIENHOLZ, Gommern.

Die ZEITSCHRIFT FÜR ANGEWANDTE GEOLOGIE berichtet ständig über folgende Arbeitsgebiete: Geologische Grundlagenforschung und Lagerstättenforschung / Methodik der geologischen Erkundung / Ökonomie und Planung der geologischen Erkundung Technik der geologischen Erkundung / Geologie und Lagerstättenkunde im Ausland. In der Zeitschrift können alle strittigen Fragen der praktischen Geologie behandelt werden. Die Autoren übernehmen für ihre Aufsätze die übliche Verantwortung.

ZEITSCHRIFT FÜR ANGEWANDTE GEOLOGIE

Träger der Ehrennadel in Gold der Gesellschaft für Deutsch-Sowjetische Freundschaft

KOLLEKTIVE CHEFREDAKTION

Dr. K. KAUTER (Redaktionssekretär)
Prof. Dr. F. STAMMBERGER
Dr. habil. G. TISCHENDORF

BAND 15 · AUGUST 1969 · HEFT 8

Die Tektonik der Fluoritlagerstätte Rottleberode (Harz)

H. J. FRANZKE, M. HAUPT & JOACHIM HOFMANN

(Veröffentlichung Nr. 19 der Sektion Geowissenschaften der Bergakademie Freiberg/Sa.)

Die Untersuchungen, deren Ergebnisse hier zusammenfassend dargestellt werden, wurden in den Jahren 1967/68 auf Grund vertraglicher Vereinbarungen zwischen dem VEB Harzer Spatgruben und dem ehemaligen Institut für Geologie der Bergakademie Freiberg mit Unterstützung von Studenten (Ingenieurpraktikanten) und eines Diplomanden durchgeführt. Nach der Auswertung von Betriebsunterlagen und zusätzlichen Neuaufnahmen wurde von den Ingenieurpraktikanten R. JÜLICH, R. HORTENBACH und J. GHANSAM ein Modell eines größeren Teilbereichs der Lagerstätte geschaffen und dazu von M. HAUPT in einer Diplomarbeit der tektonische Rahmen erarbeitet. Auf der Grundlage dieser Untersuchungen konnte anschließend eine tektonische Synthese der Lagerstätte Rottleberode versucht werden.

Bei der hier gegebenen Darstellung der Ergebnisse wurde besonderer Wert auf die Heraushebung der Problematik der tektonisch-mechanischen Analyse einer Störungszone und ihres zeitlich vielphasigen Bewegungsablaufs gelegt.

Den von seiten des Grubenbetriebs an der Diskussion um zahlreiche Probleme beteiligten Fachkollegen, Hauptgeologen H. KIESSLING, Dipl.-Min. BÜCHNER und Geol.-Ing. SCHWARZKOPF, sei an dieser Stelle herzlich für ihre Diskussionen und Anregungen gedankt.

1. Überblick

Die Gänge der Fluoritlagerstätte Rottleberode stehen in einer mächtigen, durch synsedimentäre subaquatische Gleitungen primär gestörten Tonschiefer-Grauwacke-Folge, in die helle und dunkle Kieselschiefer, sandige Flinzkalke sowie Diabase und zugehörige tuffogene Gesteine eingelagert sind. Aus hellen Ton- und Kieselschiefern wurden von RUSSE (1967), GEDAI (1968) und Mitarbeitern des VEB Harzer Spatgruben Conodonten oberdevonen und unterkarbonen Alters ($to_{II\beta} - {}_{III\alpha} - cu$) nachgewiesen. Da die mächtige Tonschiefer-Grauwacke-Folge mit den paläontologisch datierbaren Horizonten in einem ungestörten Verband steht, kann für die gesamte Folge oberdevones bis unterkarbones Alter angenommen werden.

Die Tonschiefer-Grauwacke-Folge ist Hauptbestandteil der Harzgeröder Schuppenzone der Unterharz-Einheit. Ihre Tektonik wird durch nordwestvergenten isoklinalen Falten- und Schuppenbau (KARPE 1964) bestimmt. Sie zeigt mit flachwelliger bis mittelsteiler Lagerung der Schichtung, vorherrschender Parallelschieferung und verbreitet auftretender Schubklüftung typische Züge stockwerksbedingten Baues, der für den Übergangsbereich von der Phyllitregion zum verfalteten und nichtmetamorphen Bereich größerer Grundgebirgseinheiten charakteristisch ist.

Die Gänge der Fluoritlagerstätte Rottleberode, die durch die Schachtanlage „Flußschacht" des VEB Harzer Spatgruben erschlossen sind, befinden sich im Bereich einer ESE—WNW streichenden und über eine Länge von 11 km nachgewiesenen Bruchstörung, die in dieser Arbeit als Flußschachtstörung bezeichnet wird (Abb. 1).

Die Flußschachtstörung verläuft etwa 8 km südlich des bekannten Straßberg—Neudorfer Gangzugs und zählt wie dieser zu den „flachherzynisch", d. h. ESE—WNW, streichenden, die Großkontur des Harzes bestimmenden Bruchstörungen. Sie begrenzen das Harz-Paläozoikum gegen die Kreide des nördlichen Vorlands. An ihnen wird das am südlichen Harzrand unter diskordant auflagerndem Permosiles und Zechstein auftauchende Altpaläozoikum treppenförmig nach NNE herausgehoben. Von ihnen wird lineamentärer Charakter, d. h. prävaristische Anlage, und nach varistischer (i. w. sudetischer) Überwältigung mehrfache Wiederbelebung in spätvaristischer und saxonischer Zeit angenommen (RICHTER-BERNBURG 1949, SCHRIEL 1954, SCHWAN 1956). Von postunterrotliegenden Bewegungen an der Flußschachtstörung zeugt der Umstand, daß an ihrem WNW-Ende Unterrotliegendes gegen Devon grenzt (FRANZ 1958). Weitere geologische Anhaltspunkte, die auf jüngere Bewegungen an der Flußschachtstörung hinweisen, fehlen.

Die Störung ist über ihre gesamte streichende Länge mit Quarz, Fluorit, Baryt, Kalzit und Siderit in ausgeprägt zonaler und lateraler Verteilung mineralisiert (Abb. 2). Das 1967 von BÜCHNER & FRANZKE für die Lagerstätte Rottleberode aufgestellte Schema der Mineralisationsabfolge zeigt Tab. 1. Entgegen früheren Auffassungen (SCHNEIDERHÖHN 1941) wird von BAUMANN & WERNER (1967) nur die Abfolge I mit einer vom Granit des Rambergs ausgehenden Mineralisation spätvaristischen Alters in Verbindung gebracht. Die Abfolgen II und III sind, auch nach Beobachtungen in der Lagerstätte, deutlich jünger und von der Abfolge I durch markante Bewegungsphasen getrennt. Ihr Alter wird nach geochemischen und regional-lagerstättengenetischen Aspekten als „saxonisch", d. h. triassisch

Eingang des Manuskripts in der Redaktion: 31. 3. 1969.

bis spätkretazisch, angesehen (LEEDER 1966, WERNER 1966, BAUMANN & WERNER 1967). In der Lagerstättensubstanz werden von LEEDER & WOLF (1968) Spaltprodukte eines simatischen Magmas atlantischen Charakters vermutet.

Tab. 1. Paragenesenschema der Fluoritlagerstätte Rottleberode (n. BÜCHNER & FRANZKE)

° = Mineral verbreitet, ohne lagerstättenkundliche Bedeutung;
+ = Mineral lokal auftretend, meist sporadisch; □ = wirtschaftlich wichtige und Hauptminerale

Minerale	Abfolgen		
	I	II	III
Quarz	°		
Pyrit/Markasit	°		
Magnetkies	+		
Arsenkies	+		
Zinkblende		+	
Chalkopyrit		°	
Galenit		+	
Fahlerze		+	
Ankerit		+	+
Siderit		□	°
Fluorit		□	
Kalzit		□	
Baryt		□	
Eisenglanz		+	

Innerhalb der in den Abb. 2 und 4 dargestellten Bereiche ist die Flußschachtstörung mit Fluorit mineralisiert. Der horizontale Anschnitt dieses „Erzfalles" ist 400 bis 500 m breit; seine Längsachse fällt mit etwa 30° nach WNW ein. Der Fluorit wird lateral von Baryt (im WNW) und von Siderit (im ESE) abgelöst. In der Teufe wird Fluorit nach den vorliegenden Aufschlüssen durch Kalzit ersetzt. Innerhalb dieses durch Paragenesengrenzflächen umschriebenen Raums treten im Bereich der Flußschachtstörung auf Teilflächen dieser Störung sitzende Fluoritgänge oder -körper auf, deren Mächtigkeiten Werte bis maximal 26 m erreichen und die bis zu einer Mächtigkeit von 1 m Gegenstand des Abbaus sind.

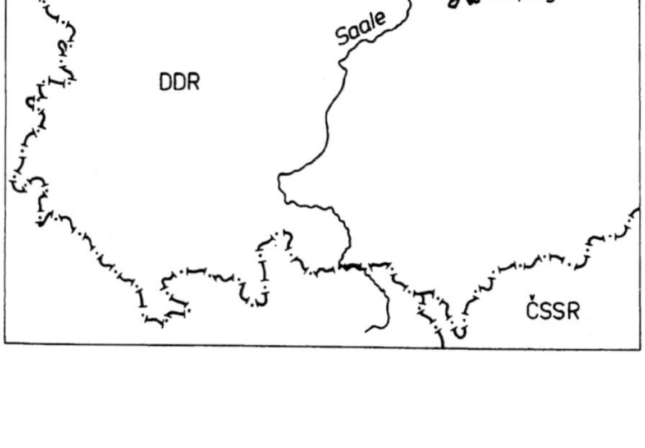

Die tektonischen Untersuchungen zielten darauf hin, innerhalb des durch die Paragenesengrenzflächen umgrenzten Raums der Flußschachtstörung den Verlauf bekannter Gänge zu verfolgen und über den Versuch einer mechanischen Definition der bekannten Gänge auf die Existenz unbekannter Gänge und Gangteile zu schließen. Damit sollte zur Verbesserung der Effektivität der geologischen Erkundung und der Vorratslage der Grube beigetragen werden.

2. Das Gefügeinventar des Lagerstättenrahmens

Materialabhängige Ausbildung und deutliche zeitliche Staffelung kennzeichnen die gegenüber der Flußschachtstörung und ihren Teilelementen deutlich älteren Gefügeelemente des Nebengesteins.

B_1-Gefüge

In Tonschiefern und phyllitischen Tonschiefern des Lagerstättenrahmens tritt flachwellige bis mittelsteile Lagerung der Schichtung im Hundertmeterbereich in Verbindung mit Parallelschieferung (s_1 // ss) auf. Vorherrschend sind dabei Flächenlagen mit flachem N, E und S gerichtetem Einfallen, die sich im Sammeldiagramm (Abb. 3a) auf einem Großkreis mit 80° streichender und 10° nach WSW einfallender regionaler Faltenachse (B_1) ordnen. Flachwellige Lagerung der Flächen der Parallelschieferung mit Wellenlängen im 10-m- bis 30-m-Bereich und gleicher Achsenorientierung ist in Grubenaufschlüssen nicht selten zu beobachten.

In den untergeordnet auftretenden mächtigeren Grauwackepaketen entspricht dem s_1//ss-Gefüge der Tonschiefer eine nordnordwestvergente Faltung mit teilweise steiler Stellung der Schichtflächen und deut-

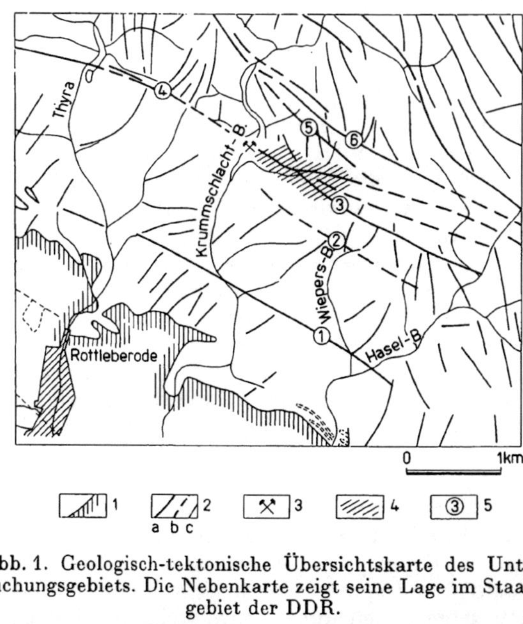

Abb. 1. Geologisch-tektonische Übersichtskarte des Untersuchungsgebiets. Die Nebenkarte zeigt seine Lage im Staatsgebiet der DDR.

1 – Grenze des auf oberdevonischen/unterkarbonischen Tonschiefern und Grauwacken auflagernden Zechsteins; 2a – Störungs- und Gangzonen, bekannt; 2b – Störungs- und Gangzonen, mit hoher Wahrscheinlichkeit vermutet; 2c – Querstörungen; 3 – Grube Rottleberode; 4 – Bereich der Lagerstätte Rottleberode; 5 – ① Alfredshütter Gang; ② Gang im Wiedersbachtal; ③ Backöfner Gang; ④ Flußschachtgang bzw. Flußschachtstörung; ⑤, ⑥ Gänge des Silberbach – Louiser Gangzugs

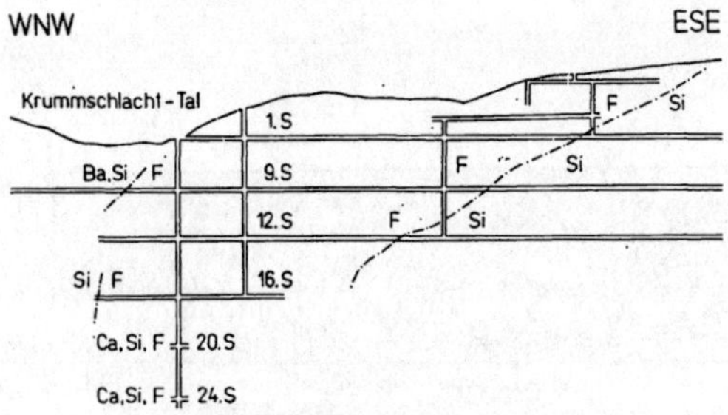

Abb. 2. Schematische Darstellung der Mineralisationsverteilung auf der Flußschachtstörung im Bereich der Lagerstätte Rottleberode

F = Fluorit; Ba = Baryt; Si = Siderit; Ca = Kalzit

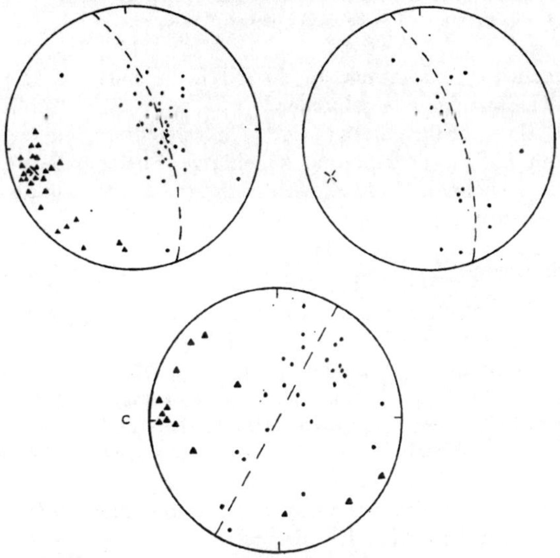

Abb. 3. Synoptische Darstellung von Lagemittelwerten der Elemente des Nebengesteinsgefüges

a — Lagemittelwerte von B_2-Elementen (▲) aus 28 Aufschlüssen außerhalb des Bereichs der Flußschachtstörung sowie von s_1/ss-Flächen (•) aus 40 Aufschlüssen; b — Lagemittelwerte von s_2-Flächen aus 19 Aufschlüssen außerhalb des Bereichs der Flußschachtstörung (Großkreis aus Abb. 3a übernommen)

c — Lagemittelwerte von B_2-Elementen und s_1/ss-Flächen aus 27 Aufschlüssen im Bereich der Flußschachtstörung

lich ausgebildeter Transversalschieferung ($s_1 \not< ss$). Die Achsen dieser Falten streichen gleichfalls im Mittel ENE—WSW, streuen jedoch über größere Sektoren und lassen in Morphologie und Achsenverteilung auf disharmonische Faltung in den Grauwackebänken schließen. Ähnliche, an Materialunterschiede gebundene Divergenzen von Faltenachsen wurden von BALK (1952) aus den Adirondacks und von HOFMANN (1961) aus ordovizischen Tonschiefer-Quarzit-Wechsellagerungen des Halbhorstes von Netzschkau (Vogtland) beschrieben. Infolge disharmonischer Bewegungen zwischen Tonschiefern und Grauwacken sind Abscherungserscheinungen, lokale Fältelungen und Schleppungen der Tonschiefer im Bereich der Grenzfläche zwischen beiden Komponenten häufig.

B_2-Gefüge

In den Tonschiefern und phyllitischen Tonschiefern werden die Parallelschieferung zwischen den Flächen einer zweiten, jüngeren Schieferung [s_2-Schubklüftung i. S. von ZÖLLICH (1939), HOEPPENER (1956)] verfaltet und so bei engständiger Anordnung von s_2 eine feine Runzelung (B_2), bei Weitständigkeit eine Kleinfaltung im cm- bis m-Bereich erzeugt. Beide Lineare zeigen im Mittelwert die gleiche Raumlage wie die regionale B_1-Achse. Die stets steiler als die Flächen der Parallelschieferung stehenden s_2-Flächen sind im Bereich des Großkreises der Parallelschieferung angeordnet (Abb. 3b). Die gleiche Raumlage von B_1- und B_2-Elementen läßt den Schluß zu, daß beide Elemente unter Spannungsverhältnissen gleicher Orientierung geprägt wurden und daß das B_2-Gefüge als Ergebnis zeitlichen Fortbaus des B_1-Gefüges betrachtet werden kann (s. auch KARPE 1964).

Bei der tektonischen Aufnahme wurde auf Grund dieser Erkenntnis den axialen Elementen der B_2-Deformation entsprechende Aufmerksamkeit gewidmet, da sie praktisch in jedem Aufschluß sichtbar sind, während B_1-Achsen nur in seltenen Fällen direkt beobachtet werden können.

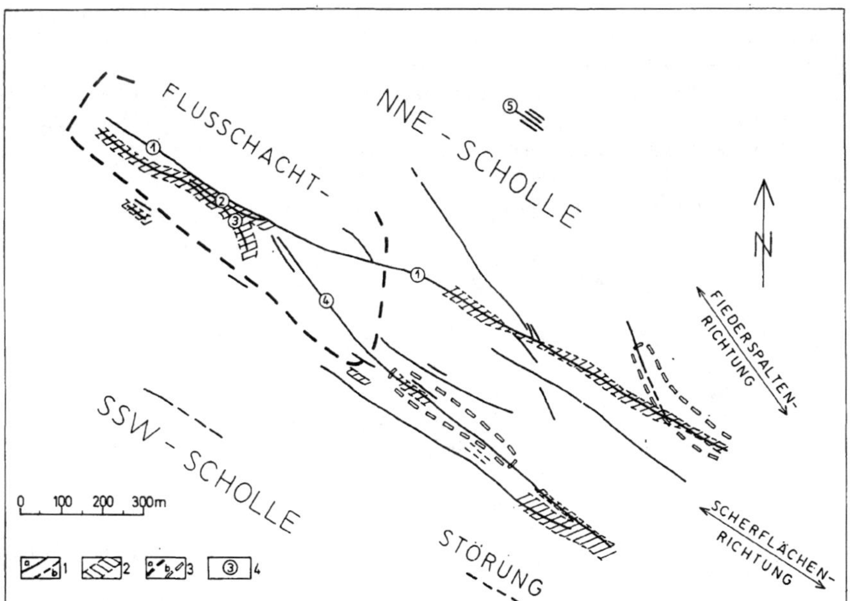

Abb. 4. Tektonische Übersichtskarte der Fluoritlagerstätte Rottleberode im Niveau der Stollensohle. Der Gangverlauf wurde z. T. von tieferen Sohlen auf das Niveau der Stollensohle projiziert

1a — nachgewiesene Gänge; 1b — vermutete Gänge; 2 — Bleichungszonen; 3a — Bereiche intensiver Fluoritmineralisation im Niveau der Stollensohle; 3b — Bereiche schwächerer Fluoritmineralisation im Niveau der Stollensohle; 4 — wichtige Gänge: ① „Nördliches Trum", ② „Mittleres Trum", ③ „Südliches Trum", ④ Backöfner Gang, ⑤ Elemente des Silberbach—Louiser Gangs

Zeitschrift für angewandte Geologie, Bd. 15 (1969), Heft 8

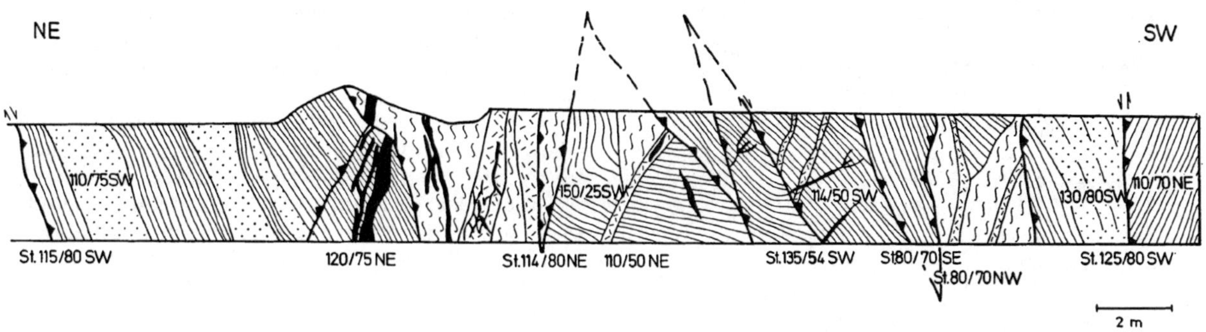

Abb. 5. Querprofil durch eine Zone gehäuften Auftretens von Scherflächen (Stollensohle, Querschlag 27 Nord)
1 – Tonschiefer; 2 – Grauwacke; 3 – verruschelte Tonschiefer; 4 – Quarzbrekzie; 5 – Einzelscherflächen; 6 – Fluorit

Lokal können auch eine zweite und eine dritte Lineationsrichtung als Schnittgerade zwischen Flächen der Parallelschieferung und jüngeren steilstehenden *s*-Flächen auftreten. Sie sind jedoch seltener und können als Element tektonischer Orientierung im bearbeiteten, relativ kleinen Bereich nicht verwendet werden.

Klüftung

Dem B_1- und B_2-Gefüge kann ein in seinen Grundzügen einheitlicher Kluftplan zugeordnet werden, der aus SSE—NNW streichenden *ac*-Klüften und ENE—WSW streichenden *h0l*-Klüften besteht. Sowohl *ac*- als auch *h0l*-Klüfte können zweischarig entwickelt sein. An die Stelle von *ac*-Klüften treten dann lokal *hk0*- und/oder *0kl*-Klüfte. Zeitlich gesehen sind die *ac*- und *h0l*-Richtungen jünger als die B_2-Elemente und älter als die mit der Gangbildung in Verbindung stehenden rupturellen Elemente. Sie repräsentieren die rupturelle Nachphase der Hauptdeformation, in deren Rahmen die B_1- und B_2-Elemente geprägt wurden (Abb. 11a, b).

3. Die Elemente der Flußschachtstörung

Im Bereich der Lagerstätte Rottleberode bildet die Flußschachtstörung eine etwa 150 m mächtige, 100° bis 110° streichende Zone, die durch starke Häufung von Bewegungs- und Trennflächen, abweichende Orientierung der Flächen der Parallelschieferung sowie linearer Elemente (Abb. 3c) und verbreitete hydrothermale Bleichungserscheinungen der Tonschiefer und Grauwacken charakterisiert wird (Abb. 4). Die Störungszone fällt im Bereich der Lagerstätte in Oberflächennähe steil, d. h. mit 70° bis 80°, nach NNE, in der Teufe jedoch mit 70° bis 80° nach SSW ein. Die Linie, an der das Einfallen aus der NNE- in die SSW-Richtung umschlägt, liegt nicht horizontal, sondern ist mit ca. 30° nach NNW geneigt. Mit dem Wechsel der Fallrichtung sind deutliche Reduktionen der Gangmächtigkeiten verbunden. Bei einem Fluoritkörper fällt die Paragenesengrenze Fluorit/Siderit bzw. Limonit (in Oberflächennähe) mit der Umbiegungslinie des Ganges zusammen.

Das Generalfallen der Flußschachtstörung scheint jedoch nach Beobachtungen in Aufschlüssen östlich und westlich der Lagerstätte (Nord—Süd-Stollen bzw. Gruben „Edelweiß" und „Wilhelmine" im Thyratal) nach SSW gerichtet zu sein. Die größten Gangmächtigkeiten sind in der Lagerstätte Rottleberode jedoch offensichtlich an die NNE fallenden Bereiche der Störungszone gebunden.

Das innere Gefüge der Flußschachtstörung wird durch Scherflächen und zugehörige Fiederspalten gekennzeichnet. Beide Elemente sind für den Bergbau von Bedeutung (Abb. 4).

Scherflächen

Scherflächen sind das Hauptelement der Flußschachtstörung. Sie streichen im Mittel 100° bis 110° und umgrenzen in engständiger Anordnung, oft mit Mindestabständen von < 5 m mehr oder weniger stark zerruschelte oder, im Fall von Grauwacken, zerklüftete und meist gebleichte linsen-, keil- oder klingenförmige Nebengesteinskörper (Abb. 5). Im Vergleich zur flachen bis mittelsteilen Lagerung der Parallelschieferung mit bevorzugtem NE-, E- oder SE-Fallen im Rahmen der Lagerstätte (Abb. 3a) wird das innere Gefüge der Scherkörper vorwiegend durch SW fallende, steile Lagerung gekennzeichnet. Aus Abb. 6 ist eine einheitliche Orientierung der Parallelschieferung in der Störungszone mit SE—NW-Streichen und einem mittleren Einfallen

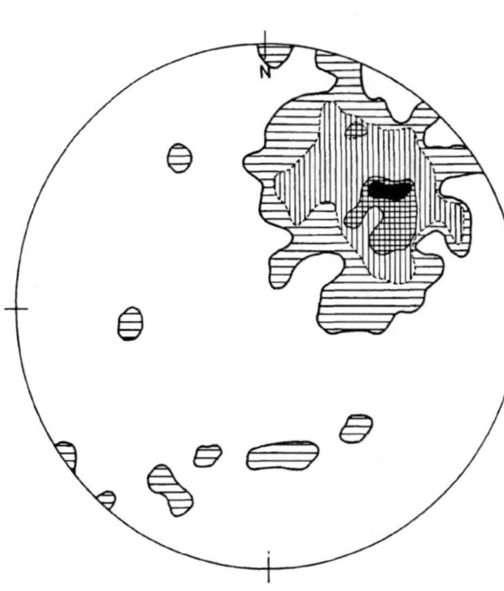

Abb. 6. Lage der $s_1//ss$-Flächen im Bereich der Flußschachtstörung
200 repräsentative Mittelwerte aus dem Bereich der Stollensohle; Isolinien bei: 0–3–5–7 > 7%

Zeitschrift für angewandte Geologie, Bd. 15 (1969), Heft 8

von 50° bis 60° nach SW (im Sinn einer Schleppung) ableitbar.

Auf den Scherflächen sitzen die sogenannten Flußschächter Gänge der Lagerstätte. Der im Streichen und Fallen deutlich absetzende, bajonettförmige Verlauf dieser Gänge kann so erklärt werden, daß die Gänge den am deutlichsten ausgebildeten Scherflächen in dem obenbeschriebenen Scherkörpergefüge der Flußschachtstörung folgen. Sie umfließen dabei die linsen- oder keilförmigen Scherkörper oder „springen" durch Bildung von Verbindungen zwischen parallellaufenden Scherflächenpaaren gleichsam von Scherfläche zu Scherfläche. Bewegungen auf diesen „Großscherflächen" führten, bedingt durch deren bajonettförmigen Verlauf, zur Öffnung linsen- oder taschenförmiger Räume und schufen so die räumlichen Voraussetzungen für den Absatz der Mineralisationsabfolgen (Abb. 7).

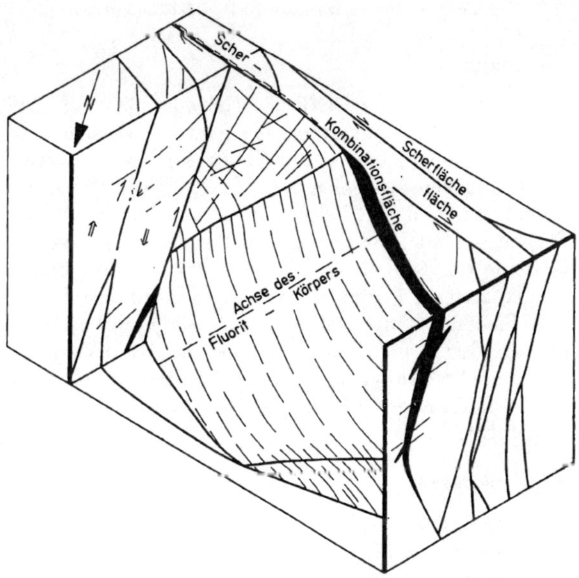

Abb. 7. Schematische Darstellung der Raumbildung im Bereich der Scherflächen (Flußschachtgänge)

Das „Nördliche Trum" der Lagerstätte zeigt die hier beschriebene Entwicklung sehr deutlich. Auf ihm wurden im Verlauf des mehrhundertjährigen Abbaus drei hintereinandersitzende Fluoritkörper größerer Mächtigkeit aufgeschlossen. Zwei von ihnen wurden in den Betriebsperioden vor 1945 völlig abgebaut; ihre Konturen sind nicht näher bekannt, da markscheiderische Unterlagen über die ehemalige Abbauführung weitgehend fehlen. Die Umrisse des östlichsten Körpers lassen dagegen einen bandförmigen Körper von linsenförmiger horizontaler Schnittfigur und maximalen Mächtigkeiten bis zu 26 m erkennen, dessen Längsachse in der Ebene der Flußschachtstörung liegt, die mit ca. 30° nach WNW einfällt. Die liegende Begrenzung des Körpers fällt deutlich mit dem Umbiegen der Fallrichtung der Scherfläche aus der NNE- in die SSW-Richtung zusammen. Das im Vergleich zum „Nördlichen Trum" der Lagerstätte schwächer entwickelte „Mittlere Trum" ist gleichfalls ein Scherspaltengang, führt jedoch nur Fluoritkörper geringerer Mächtigkeit (um 2 m).

Die außerhalb der Flußschachtstörung angefahrenen, mehr oder weniger isoliert auftretenden Scherflächen gleicher Raumlage erwiesen sich nach den Ergebnissen der bisher durchgeführten Erkundungsarbeiten als nicht oder nur schwach mineralisiert, so daß im Gebiet der Lagerstätte mit dem Auftreten bauwürdiger Scherspaltengänge außerhalb des engeren Bereichs der Flußschachtstörung wahrscheinlich nicht gerechnet werden kann.

Fiederspalten und Fiederspaltengänge

Die Scherspaltengänge werden von SE—NW (in der Regel 130° bis 140°) streichenden Fiederspalten begleitet, die z. T. die Scherspalten miteinander verbinden und so ein annähernd regelmäßiges Gangnetz innerhalb der Flußschachtstörung erzeugen, z. T. aber auch über deren eigentlichen engeren Bereich hinausgreifen (Abb. 4). Bei Mineralisation der Fiederspalten entstehen Fiederspaltengänge. Typisch ist die dem Zerrungscharakter der Fiederspalten entsprechende ungestörte und überwiegend flache Lagerung der Flächen der Parallelschieferung und ihre im Vergleich zu den Scherspaltengängen geringere Mächtigkeit von selten über 5 m (Abb. 8). Im Bereich des Einlenkens der Fiederspalten in die Scherspaltenrichtung fiedern die Scherspalten auf und zeigen häufig Ruschelcharakter (Abb. 9). Dabei wird die Gangmächtigkeit stark reduziert; z. T. schließt sich der Gang völlig oder löst sich in zahlreiche geringmächtigere Trümer auf. An mächtigeren Fiederspaltengängen sind Sekundärfiedern häufig. Sie lassen erkennen, daß geringere gleitende Bewegungen auch bei der Bildung der Fiederspalten erfolgten (WOLFSON 1960).

Es fällt auf, daß die nördlich der Scherspaltengänge des „Mittleren" und „Nördlichen Trums" angefahrenen Fiederspaltengänge durchweg geringmächtig sind. Die südlich des Mittleren Trums befindlichen Fiederspaltengänge („Südliches Trum", „Backöfner Trümer") sind dagegen durch größere Mächtigkeiten und relativ große Erstreckung im Streichen gekennzeichnet. Wenn keine Kenntnislücke vorliegt, könnte daraus auf eine Schollen-

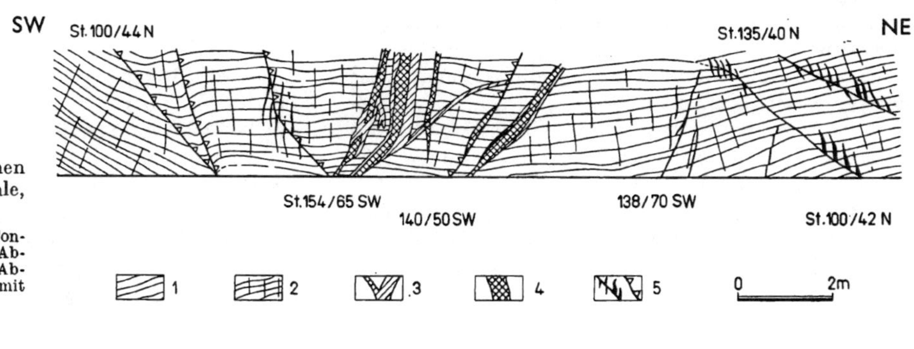

Abb. 8. Querprofil durch einen Fiederspaltengang (Stollensohle, Querschlag 27 Nord)
1 — Tonschiefer; 2 — zerklüftete Tonschiefer; 3 — Mineralisation der Abfolge I; 4 — Mineralisation der Abfolge II; 5 — Scherflächen, z. T. mit Fiederspalten

bewegung ungleicher Intensität beiderseits der Flußschachtstörung geschlossen werden, wobei eine intensivere Bewegung der SSW-Scholle nach WNW zu einer größeren Öffnung der Fiederspalten im Bereich der SSW-Scholle geführt haben könnte.

In diesem Zusammenhang ist die Größe des Winkels (φ) zwischen Scherfläche und Fiederspalte interessant. Sie liegt für die aufgefahrenen großen Fiederspaltengänge im Bereich der Lagerstätte zwischen 22° und 55°.

GOTSCHEW (1967) hat bei der Untersuchung von Fiederklüften und ihres Bildungsmechanismus in kalkigtonigen Sedimenten der Balkaniden, des Vorbalkans und der Stara-Poljana-Zone (VR Bulgarien) nachgewiesen, daß die Größe des Winkels φ vom Entwicklungsstadium der Scherung, d. h. ihrer Dauer und Intensität, abhängig ist. GOTSCHEW unterscheidet drei Stadien:

initiales Stadium	φ = 15° bis 30°,
intermediäres Stadium	φ = 30° bis 45°,
finales Stadium	φ = 45° bis 60°.

Im Bereich nordnordöstlich des „Nördlichen Trums" liegt die Größe des Winkels φ zwischen drei größeren Fiederspaltengängen mit Mächtigkeiten $\leq$ 1m und der Scherfläche des „Nördlichen Trums" zwischen 25° und 38°, im Bereich südsüdwestlich des mittleren Trums bei sechs Fiederspaltengängen mit größeren Mächtigkeiten (> 1 m bis 5 m) und mehreren Bleichungszonen bei 20° bis 60°. Die Mehrzahl der Winkelwerte ist jedoch größer als 35°. Berücksichtigt man, daß die von GOTSCHEW gegebenen Werte für φ an kalkig-tonigen Sedimenten ermittelt wurden und möglicherweise auch nur für die untersuchten Bereiche strenge Gültigkeit besitzen, so läßt sich doch die verschiedene Größe von φ mit unterschiedlichen Entwicklungsstadien der Scherung der Flußschachtstörung erklären. Aus dieser Tatsache könnte ebenfalls auf eine ungleiche Schollenbewegung beiderseits der Flußschachtstörung im Sinne einer intensiveren Bewegung der SSW-Scholle nach WNW geschlossen werden.

4. Bewegungsverlauf und Mineralisation im Bereich der Flußschachtstörung

Eine zeitliche Gliederung des Bewegungsablaufs, der zur Anlage der Scher- und Fiederspaltengänge und damit der Flußschachtstörung führt, ist mit Hilfe der in Tab. 1 dargestellten Mineralisationsabfolge möglich. Unabhängig von Feinbewegungen während einzelner Mineralisationsphasen können insgesamt fünf Bewegungsphasen unterschieden werden (Abb. 10).

Bewegungsphase 1

Anlage ENE—WSW bis SE—NW streichender und steilstehender Ruschelzonen, die durch die Abfolge I mineralisiert werden. Ihre Raumlage ist infolge ungenügender Aufschlüsse nicht sicher feststellbar; sie scheinen jedoch dem Streichen und Fallen der Flußschachtstörung zu entsprechen. Sie könnten folglich als erste Anlage der Flußschachtstörung in postsudetischer Zeit betrachtet werden.

In der Fluoritlagerstätte Straßberg, d. h. im Bereich des Straßberg—Neudorfer Gangzugs, tritt die Abfolge I in ebenfalls fast gleicher Raumlage wie die jüngeren Gänge auf.

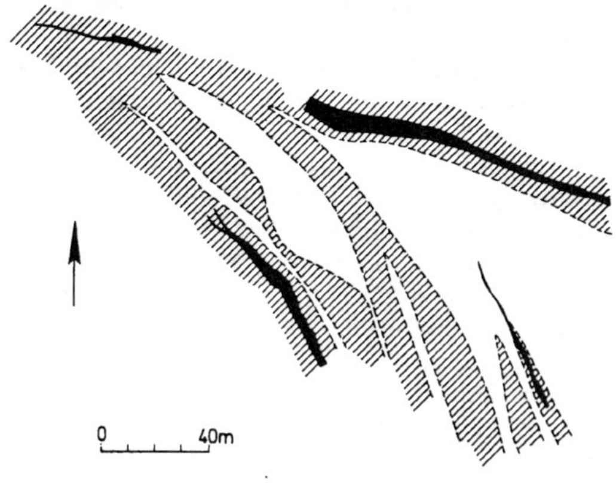

Abb. 9. Abzweigung und Auftrümerung einer Fiederspalte von einer Scherzone („Mittleres Trum" und „Südliches Trum", 11. Sohle)
schwarz = Fluoritgänge; schraffiert = Bleichungszonen

Bewegungsphase 2

Bildung steil nach NNE bis NE oder SSW bis SW einfallender Flächensysteme im Sektor zwischen 100° und 140° und Bleichung des Nebengesteins im Bereich dieser Flächen. Offenbar werden in dieser Phase das Grundgefüge der Flußschachtstörung, d. h. Scherflächen und zugehörige Fiederspalten, angelegt und die Gesteine im Bereich der Flußschachtstörung in Scherkörper zerlegt. Damit werden die wichtigsten Scher- und Fiederspaltengänge zumindest vorgezeichnet und, bedingt durch eine hydrothermale Durchtränkung der Flußschachtstörung, als Vorläufer der jüngeren Mineralisation eine intensive Bleichung der Nebengesteine herbeigeführt.

Bewegungsphase 3

In der Bewegungsphase 3 finden offenbar Bewegungen nur noch auf Flächen statt, die als „Flächen bester Wegsamkeit" in der vorangehenden Phase bereits weitgehend vorgezeichnet waren. Diese werden weiter geöffnet und durch die Abfolgen II und III als verbreitetste und wichtigste Phasen der Mineralisation mineralisiert. Dabei sind die Abfolgen II und III durch eine weitere Bewegung getrennt, die jedoch noch nicht detailliert belegt werden kann und deshalb hier in die Bewegungsphase 3 mit einbezogen wird.

Bewiesen wird eine weitere Bewegung der im Verlauf der Bewegungsphase 2 gebildeten Scherflächen- und Fiederspalten auch dadurch, daß das Nebengestein der Gänge in bestimmten Bereichen nicht gebleicht ist. Daraus könnte ein weiteres Aufreißen dieser Elemente nach der Bleichung abgeleitet werden.

Bewegungsphase 4

Mit der Bewegungsphase 3 eng verbunden ist ebenfalls die Bildung von Bewegungsflächen bzw. Spalten mit 80° bis 125° Streichen und vorwiegend nach S bis SW, seltener nach N bis NE gerichtetem mittelsteilem bis steilem Einfallen an den Scherspaltengängen. Die Altersstellung dieser Elemente zur Bewegungsphase 3 ist nicht sicher bestimmbar. Ihre Mineralisation mit der Abfolge II und III weist auf gleichaltrige Entstehung mit den Gängen hin. Dafür würde gleichfalls der wiederholt beobachtete Fiederspaltencharakter (als Ausdruck einer vertikalen Bewegungskomponente an den Scherspaltengängen) sprechen. Teilweise werden jedoch auch Gänge von Flächen gleicher Raumlage geschnitten und versetzt, so daß deutlich jüngeres Alter in bezug auf die Bewegungsphase und die anschließende Mineralisation (Abfolge II und III) nachweisbar ist. Nach diesen zunächst widersprechenden Beobachtungen könnten diese Flächen als relativ langlebige Fiederelemente einer vertikalen Bewegungskomponente aufgefaßt werden, die zunächst mineralisiert wurden und im Anschluß an die Mineralisation, als noch vertikale Bewegungen auf den Salbändern der Gänge erfolgten, weiter betätigt, lokal sogar neuangelegt wurden. Nach FRANZ (1958) besitzen diese Elemente z. T. Aufschiebungs-, z. T. auch Abschiebungscharakter. Diese Beobachtungen würden der hier gegebenen Deutung nicht widersprechen.

Bewegungsphase 5

Die jüngsten Störungen sind Bewegungsflächen mit Streichrichtungen im Sektor von NW über N nach NE sowie steilem bis mittelsteilem westlichem oder östlichem Einfallen. Sie treten als Gangverwerfungen deutlich hervor. Über ihre Altersbeziehungen zueinander lassen sich keine Angaben machen.

5. Der mechanische Charakter der Flußschachtstörung

Über den mechanischen Charakter der Flußschachtstörung ist wenig bekannt. Vom wechselnden, z. T. nach NNE, z. T. nach SSW gerichteten Einfallen der Gänge und von Harnischmessungen auf Salbändern von Gängen und Scherflächen ausgehend, wurde die Flußschachtstörung von FRANZ (1958, 1961) als Schrägabschiebung bei nordnordostlichem Einfallen und als Aufschiebung bei südsüdwestlichem Einfallen angesprochen. Die Frage nach der mechanischen Deutung der Flußschachtstörung

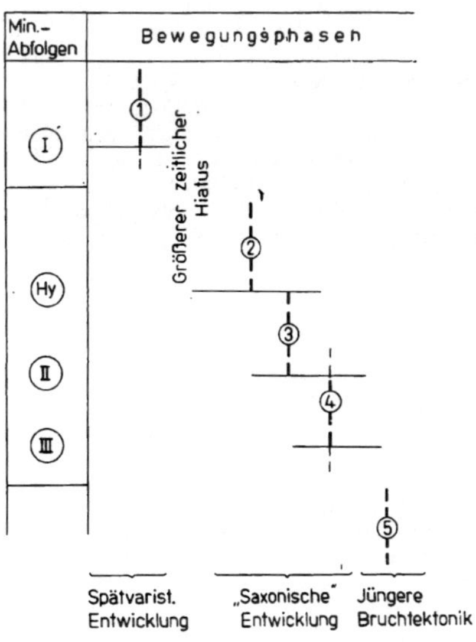

Abb. 10. Bewegungsphasen und Mineralisationsabfolgen im Bereich der Fluoritlagerstätte Rottleberode (schematisch)
Hy = hydrothermale Bleichung des Nebengesteins; ① bis ⑤ = Bewegungsphasen 1 bis 5

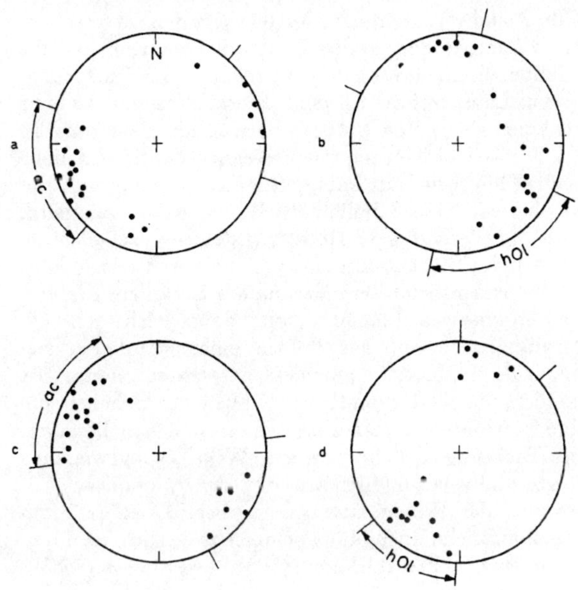

Abb. 11. Synoptische Darstellung der Schwerpunkte von Kluftmaxima
a – 21 Schwerpunkte von *ac*- und *ac*-nahen Klüften aus 18 gangfernen Aufschlüssen; b – 21 Schwerpunkte von *hOl*-Maxima aus 18 gangfernen Aufschlüssen; c – 21 Schwerpunkte von *ac*- und *ac*-nahen Maxima aus 14 Aufschlüssen im Bereich der Flußschachtstörung; d – 25 Schwerpunkte von *hOl*-Maxima aus 14 Aufschlüssen im Bereich der Flußschachtstörung

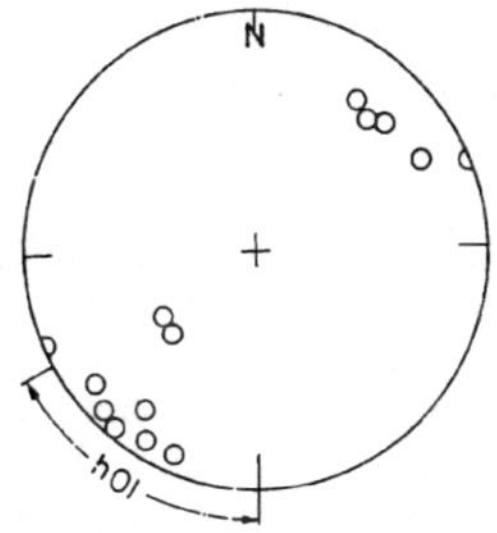

Abb. 12. Die Raumlage von 13 Fiederspaltengängen

als Zerrungsstruktur (Abschiebung) oder Pressungsstruktur (Aufschiebung) bzw. eine Kombination beider Bewegungsbilder an der Störung, verursacht durch gegenläufige Rotation von NNE- und SSW-Scholle um eine senkrecht zur Flußschachtstörung stehende Achse, blieb damit ungelöst.

Markante Gesteinshorizonte, aus deren Versatz Rückschlüsse auf den Charakter der Störung gezogen werden können, sind beiderseits der Störung nicht zu erkennen. Daher blieb nur die Möglichkeit, über die Verfolgung der Einzelelemente der Flußschachtstörung und den Vergleich der Raumlage linearer und planarer Elemente des Nebengesteinsgefüges außerhalb und innerhalb des Störungsbereichs ihren Charakter zu analysieren.

Die horizontale Bewegungskomponente an der Flußschachtstörung

Im Verlauf der tektonischen Aufnahme konnte nachgewiesen werden, daß sich im Bereich der Flußschachtstörung die Raumlage der B_1- und der B_2-Elemente und die Lage von Kluftmaxima ändern (Abb. 3c, 11). In

Tab. 2 sind repräsentative Mittelwerte der entsprechenden Elemente dargestellt. Es ist zu erkennen, daß die erfaßten Elemente um 40° bis 60° aus ihrer ursprünglichen Lage rotiert wurden. Dieser Vorgang ist nur denkbar, wenn eine kräftige horizontale Bewegung an der Flußschachtstörung mit Bewegung der SSW-Scholle nach NNW bzw. mit entsprechender gegenläufiger Bewegung der NNE-Scholle nach ESE angenommen wird, in deren Verlauf eine Rotation kleinerer Schollen im Bereich der Störung um eine vertikale Achse erfolgte.[1])

Eine wesentliche Veränderung des Einfallens der verstellten linearen Elemente tritt dabei nicht ein. Ob daraus jedoch auf das Fehlen einer vertikalen Bewegungskomponente geschlossen werden kann, ist fraglich, da Platzgründe ein Kippen der Schollen um eine horizontale Achse ausgeschlossen haben könnten. Die Richtung der auf diesem Wege nachgewiesenen Horizontalbewegung stimmt mit der räumlichen Anordnung der Fiederspaltengänge überein, wobei durch deren ungleiche Ausbildung beiderseits der Scherspaltengänge eine relativ stärkere WNW-Bewegung der SSW-Scholle und eine relativ schwächere ESE-Bewegung der NNE-Scholle wahrscheinlich gemacht würden. Zeitlich fällt die Schollenrotation in die Bewegungsphase 2, eventuell in ein frühes Stadium; denn die Fiederspaltengänge fallen deutlich mit der verstellten *hOl*-Klüftung zusammen und müssen bei ihrer Bildung die *hOl*-Klüftung bereits in verstellter Lage vorgefunden haben (vgl. Abb. 11 u. 12). Die verstellte *hOl*-Klüftung diente damit den Fiederspaltengängen als mechanische Vorzeichnung.

Tab. 2. Orientierung von *ac*- und *hOl*-Klüftung sowie Fiederspaltengängen im Bereich der Flußschachtstörung und in störungsfernen Bereichen

	Klüftung im störungsfernen Bereich	Klüftung im Bereich der Flußschachtstörung
ac	170°/85° bis 70° ENE	35°/85° bis 50° SE
hOl	80°/70° bis 50° N	130°/70° SW bis 50° NE
Fiederspaltengänge	125° bis 140°/90° bis 70° N oder S	

Die vertikale Bewegungskomponente an der Flußschachtstörung

Für das Auftreten vertikaler Bewegungen gibt es gleichfalls Hinweise, die sich allerdings teilweise in ihren Aussagen widersprechen. Die im Vergleich zu den störungsfernen Bereichen einheitliche und steilere Stellung der Parallelschieferung (Abb. 6) in der engeren Umgebung vieler Scherspaltengänge kann im Sinne einer Abwärtsbewegung der SSW- bzw. einer Aufwärtsbewegung der ENE-Scholle, möglicherweise in der Bewegungsphase 2, gedeutet werden. Dieser Bewegung widersprechen jedoch die flach nach SSW einfallenden und teilweise mit Fluorit mineralisierten „flachherzynisch" streichenden Flächen der Bewegungsphase 4, die entgegengesetzte Schollenbewegung anzeigen. Möglicherweise eröffnet aber gerade diese Divergenz einen Einblick in das vielphasige Bewegungsbild der Störung und ist im Sinne einer (relativen) Aufwärtsbewegung der NNE-Scholle während der Bewegungsphase 2 und einer (relativen) Abwärtsbewegung während der Bewegungsphase 3 zu deuten.

Rillungsmessungen auf Scherflächen und Salbändern von Scherspaltengängen zeigen sowohl steil nach NNW oder NNE fallende, aber auch fast horizontale Orientierung (vgl. auch FRANZ 1958). Wenn daraus auch horizontale und schrägauf- bzw. schrägabwärts gerichtete Bewegungen abgeleitet werden können, so ist ihre zeitliche Einstufung, mit Ausnahme der Rillungen auf den Salbändern der Gänge, die jünger als der Absatz der Mineralisation II bzw. III sind, offen. Gleichzeitig ist wohl bei Rückschlüssen von Rillungsmessungen auf eine Großbewegung an der Flußschachtstörung ohne statistische Auswertung Vorsicht geboten, da die Rillungen auch im Gefolge von annähernd regellosen Ausgleichsbewegungen der Scherkörper gegeneinander während der Bewegung der NNE- und SSW-Scholle im Verlauf der Bewegungsphase 2, 3 und 4 entstanden sein können.

[1]) FRANZ (1958) hat ähnliche Erscheinungen als Lagedifferenzen von Lineation und Faltenachsen „über Tage" und „unter Tage" beschrieben, daraus jedoch keine weiteren Schlußfolgerungen abgeleitet.

Zusammenfassung

Die Flußschachtstörung kann als kompliziert gebaute langlebige und vielaktig bewegte Störungszone mit kräftiger horizontaler Bewegungskomponente und ungleicher gegenläufiger Bewegung von NNE- und SSW-Scholle sowie vertikaler Bewegungskomponenten wechselnder Richtung aufgefaßt werden. Rein geometrisch ist daraus eine schräg nach NNW gerichtete Bewegungsrichtung abzuleiten, in der zeitweise die NNE-Scholle gegenüber der SSW-Scholle, zeitweise aber auch die SSW-Scholle gegenüber der NNE-Scholle angehoben wurde.

Das innere Gefüge der Flußschachtstörung besteht aus linsen- oder keilförmigen, durch Scherflächen getrennten, meist stärker gestörten Tonschiefer- und Grauwackekörpern. Die Gänge der Lagerstätte werden als Scherspalten mit bajonettförmigem Verlauf im Streichen und Fallen und damit verbundenen Fiederspalten aufgefaßt. Die Fiederspalten folgen *hOl*-Klüften als mechanisch wirksame Vorzeichnung, die durch Schollenrotation im Bereich der Flußschachtstörung in die Lage der theoretisch möglichen Fiederspaltenrichtung rotiert wurden.

Die Flußschachtstörung ist folglich hinsichtlich ihrer Lage zur primären Klüftung des Nebengesteins autonom. Ihre Fiederelemente folgen jedoch im Bereich der Störung der verstellten *hOl*-Klüftung des Nebengesteins und damit einer präexistenten mechanischen Vorzeichnung.

Für die Erkundung der Lagerstätte ergibt sich aus den vorliegenden Ergebnissen der Schluß, dem noch wenig bekannten Bereich südlich der Scherspaltengänge des „Nördlichen" und „Mittleren Trums", der durch intensivere Scherbewegungen und damit verbundene größere Öffnung von Fiederspalten gekennzeichnet ist, größere Aufmerksamkeit zu schenken.

Резюме

Нарушение „Флюсшахт" может толковаться как сложнопостроенная, долгоживущая и с многократными подвижками зона нарушения со значительным компонентом горизонтального перемещения и неравным противоположным движением ССВ и ЮЮЗ блоков, а также вертикальных подвижных компонентов меняющегося направления. Чисто геометрически из этого можно вывести ориентированное на ССЗ направление движения, по которому периодами ССВ-блок поднимался относительно ЮЮЗ-блока, а периодами ЮЮЗ-блок поднимался относительно ССВ-блока.

Внутреннее строение нарушения Флюсшахт характеризуется многообразными, разделенными плоскостями скалывания, обычно сильно нарушенными телами глинистых сланцев и граувакк. Жилы месторождения рассматриваются как плоскости скалывания, по про-

Zeitschrift für angewandte Geologie, Bd. 15 (1969), Heft 8

стиранию и падению имеющие форму штыка, и связанные с ними трещины оперения. Трещины оперения следуют *hOl*-трещинам, которые действуют как механическая разметка и которые посредством вращения блоков в области нарушения флюсшахт были повернуты в положение теоретически возможного направления трещин оперения.

Нарушение Флюсшахт следовательно по своему положению автономно относительно порвичной трещиноватости боковых пород. Его элементы оперения, однако, в области нарушения следуют перемещенной *hOl*-трещиноватости окружающей породы и таким образом ранее существующей механической разметке.

Относительно разведки месторождения из приведенных результатов следует вывод, что еще мало известной области южнее жил трещины скалывания „северного" и „среднего" отделения шахты, которая характеризуется интенсивными движениями скалывания и связанным с ним более широким раскрытием трещин оперения, необходимо уделить большое внимание.

Summary

The Flußschacht fault can be understood as an intricately built fault zone, moved during many acts, presenting a strong horizontal component of movement, an unequal opposed movement of the N.N.E. and S.S.W. block, and vertical components of movement showing an alternating direction. From a purely geometrical point of view a direction of movement obliquely turned towards N.N.W. can be derived, in which the N.N.E. block was raised from time to time against the S.S.W. block, occasionally, however, also the S.S.W. block was lifted against the N.N.E. block.

The internal structure of the Flußschacht fault consists of lenticular or wedge-shaped slate and graywacke bodies which, for the most part, are more intensely disturbed and separated by shear planes. The veins of the deposit are understood as shear fissures shaped in steps in the strike and dip and feather fissures connected with them. The feather fissures follow *hOl* joints as a mechanically efficient pattern, which were revolved by block rotation within the Flußschacht fault into the position of a theoretically possible direction of feather fissures.

As a result, the Flußschacht fault is autonomous in view of its position towards the primary jointing of the country rock. However, its feather elements follow within the fault the shifted *hOl* jointing of the wall-rock, and consequently a pre-existent mechanical pattern.

For an exploration of the deposit follows from the present results that great attention must be attached to the area still not much known south of shear-fissures of the "Northern" and "Central Vein", which is characterized by more intense shear movements and a major opening of feather fissures connected with them.

Literatur

BALK, R.: Faltenachsen in Überschiebungszonen. — Geol. Rdsch., **41**, 90—103, Stuttgart 1952.

BAUMANN, L., & C. D. WERNER: Die Gangmineralisation des Harzes und ihre Analogien zum Erzgebirge und Thüringer Wald. — Vortr. 47. Treffen Fachverb. Miner. dt. Ges. geol. Wiss., Nordhausen 1967.

BÜCHNER, C., & L. FRANZKE: Ergebnisse der mineralogisch-petrographischen Untersuchungen an Tonschiefern im Bereich des VEB Harzer Spatgruben. — Vortr. 47. Treffen Fachverb. Miner. dt. Ges. geol. Wiss., Nordhausen 1967.

FRANZ, R.: Kleintektonische Untersuchungen am Flußschächter und Backöfner Gang im Gebiet von Rottleberode (Südharz). — Dipl.-Arb. geol. Inst. Humboldt-Univ., Berlin 1958. Geologie, **10**, 939—951, Berlin 1961.

FRANZKE, H. J.: Geologische Vorerkundung in der Betriebsabteilung Rottleberode. — Vortr. 47. Treffen Fachverb. Miner. dt. Ges. geol. Wiss., Nordhausen 1967.

GEDAI, L.: Paläontologisch-stratigraphische Untersuchungen im Erkundungsquerschlag Rottleberode. — Unveröff. Dipl.-Arb. geol. Inst. Martin-Luther-Univ., Halle 1968.

GOTSCHEW, P. M.: Polevi analiz na kulisoobrazni puknatini. — Izvestij na geologičeskij institut, Ser. geotektonika, stratigrafija i litologija, **14**, 7—46, Sofia 1967.

HAUPT, M.: Tektonische Untersuchung der Lagerstätte Rottleberode. — Dipl.-Arb. Sekt. Geowiss. Bergakad. Freiberg, Freiberg 1968.

HOEPPENER, R.: Zum Problem der Bruchbildung, Schieferung und Faltung. — Geol. Rdsch., **54**, 2, 247—283, Stuttgart 1956.

HOFMANN, J.: Ein Beitrag zur Tektonik des Halbhorstes von Netzschkau. — Freiberger Forsch.-H., C 99, Berlin 1961.

KARPE, W.: Der Baustil der westlichen Harzgeröder Faltenzone bei Stolberg (Harz). — Exkurs.-Führer 11. Jahrestag. geol. Ges. DDR, 64—70, Berlin 1964.

LEEDER, O.: Geochemie der seltenen Erden in natürlichen Fluoriten und Calciten. — Freiberger Forsch.-H., C 206, Leipzig 1966.

REICHSTEIN, M.: Motive und Probleme erneuter Deckenbauvorstellungen für den Harz. — Geologie, **14**, 9, 1039—1076, Berlin 1965.

RUSSE, B.: Paläontologisch-stratigraphische Untersuchungen im Erkundungsquerschlag Rottleberode. — Vortr. 47. Treffen Fachverb. Miner dt. Ges. geol. Wiss., Nordhausen 1967.

SCHNEIDERHÖHN, H.: Lehrbuch der Erzlagerstättenkunde, Bd. 1. — Jena 1941.

SCHRIEL, W.: Die Geologie des Harzes. — Hannover 1954.

SCHWAN, W.: Gliederung und Faltung des Harzes in Raum und Zeit. — STILLE-Festschr., 272—288, Stuttgart 1956.

WERNER, C. D.: Die Spatlagerstätten des Thüringer Waldes und ihre Stellung im Rahmen der saxonischen Metallprovinzen Mitteleuropas. — Ber. dt. Ges. geol. Wiss., Abt. B, **11**, 1, 5—45, Berlin 1966.

WOLFSON, F. T.: Die Strukturen endogener Erzlagerstätten. — Berlin 1960.

ZÖLLICH, M.: Zur Deckenfrage im Mittelharz. — Abh. preuß. geol. Landesanst., N. F., 191, Berlin 1939.

Wissenschaftliche Grundlagen für Sucharbeiten auf Erzlagerstätten

M. A. FAWORSKAJA & I. N. TOMSON, UdSSR

Vom „Erzkundigen" zu wissenschaftlichen Prognosen

Seit langem sind die Zeiten vorüber, in denen sich mit Sucharbeiten auf Erze vorwiegend „Erzkundige" bzw. „Prospektoren" befaßten, die über wenig fundierte geologische Kenntnisse verfügten, die sie als „Erbe" von ihren Vätern übernahmen. Heute gewinnt in dem Maße, wie die Möglichkeiten zur Entdeckung von zutage ausstreichenden Lagerstätten weitgehend erschöpft sind, die Rolle exakter metallogenetischer Untersuchungen an Bedeutung. Solche Untersuchungen sollten die ständige Ergänzung und Steigerung der Vorräte an mineralischen Rohstoffen, die für die Entwicklung einer modernen Industrie notwendig sind, gewährleisten.

Bis vor kurzem sonderten die Geologen hauptsächlich flächenmäßig große Gebiete aus, sogenannte „metallogenetische Zonen", die auf den einen oder anderen mineralischen Rohstoff höffig waren. Diese regionale Richtung in der Metallogenie entstand in der UdSSR gegen Ende der 30er bis zu Beginn der 40er Jahre. Sie erfreut sich sowohl in der Sowjetunion als auch im Ausland großer Anerkennung. Mit Recht können die Akademiemitglieder A. E. FERSMAN, S. S. SMIRNOW und das korrespondierende Mitglied der Akademie der Wissenschaften der UdSSR JU. A. BILIBIN als ihre Begründer angesehen werden.

In einer Zeit, in der die geologische Erforschung unseres Territoriums noch niedrig war, spielte die regionale Metallogenie eine wesentliche Rolle im Ansatz der Sucharbeiten auf mineralische Rohstoffe. Bei einem Vergleich der Besonderheiten der geologischen Entwicklung des Baues so weit voneinander entfernter Territorien stellte das Akademiemitglied S. S. SMIRNOW eine Reihe kühner Prognosen in bezug auf die Höffigkeit einzelner, schwach untersuchter

Aus: „Priroda", H. 12, S. 38—44, Moskau 1968.
Übers.: H. HOCKE, Zentrales Geologisches Institut, Berlin.

Gebiete auf diesen oder jenen Erzrohstoff auf. Schon zu Beginn der 40er Jahre sagte er das mögliche Auffinden von Goldlagerstätten auf Kamtschatka voraus, die dort später tatsächlich auch aufgefunden wurden. Zur Zeit wird diese regionale Richtung der Metallogenie erfolgreich von Akademiemitglied W. I. SMIRNOW, den Geologen der Leningrader Schule und anderen Wissenschaftlern weiterentwickelt. Jedoch war es den Geologen bei der Aussonderung der „metallogenetischen Zonen" bisher nicht möglich, eine Antwort auf die Frage zu finden, wo auf diesen weiträumigen Flächen (mitunter von einigen tausend Quadratkilometern) die Lagerstätten tatsächlich auch zu finden seien.

Unbeantwortet blieb auch eine zweite wichtige Frage: Wodurch unterscheiden sich die geologischen Bedingungen bei der Bildung großer industrieller Erzlagerstätten von den Bildungsbedingungen kleinerer Erzvorkommen? Die sowohl für erstere als auch für letztere charakteristischen Merkmale und Erzindikationen sind an der Erdoberfläche oft einander ähnlich, und es gelingt lediglich erst im Prozeß der nachfolgenden Erkundung, sie exakt zu unterscheiden. Erkundungsarbeiten sind jedoch teuer, machen Bohranlagen, den Bau von Straßen, provisorischen Unterkünften für die Arbeiter usw. erforderlich. Daher führen Fehler bei der Auswahl des Erkundungsobjekts zur unnützen Ausgabe von oft beträchtlichen Mitteln. Antwort auf die erste Frage, d. h. auf das Problem der exakten Lokalisierung der Erzvorkommen, gibt die in den letzten Jahren entstandene besondere Richtung der metallogenetischen Untersuchungen, die als „Metallogenie der Erzbezirke" bezeichnet wird. Gerade diese ist bemüht, die Wege zur erfolgreichen Prognose lokaler erzführender Flächen aufzuzeigen. Diese Richtung wurde und wird im Institut für Geologie der Erzlagerstätten, Petrographie, Mineralogie und Geochemie (IGEM) der Akademie der Wissenschaften der UdSSR weiterentwickelt. Ihre Entstehung ist eng mit dem Namen der Doktoren der geologisch-mineralogischen Wissenschaften E. A. RADKEWITSCH und E. T. SCHATALOW und anderen Wissenschaftlern verbunden.

Verf. dieses Beitrags unternahmen zusammen mit einem Kollektiv von Mitarbeitern des IGEM der Akademie der Wissenschaften der UdSSR den Versuch, auch auf die zweite der obengestellten Fragen eine Antwort zu erhalten. Sie gingen von der Vorstellung aus, daß bei der Bildung industrieller Erzlagerstätten große, kompliziert gebaute Störungszonen, die weit unter die Erdkruste hinab in die Tiefe reichen und oftmals diskordant zu den gut bekannten Oberflächenstrukturen streichen, eine außerordentlich große Rolle spielen. Diese Tiefenstörungen werden als „durchgehende Strukturen" bezeichnet. Bevor jedoch diese Zonen und ihre Rolle bei der Entstehung von Lagerstätten untersucht werden, soll eine kurze Darstellung der heute bekanntesten metallogenetischen Konzeptionen gegeben werden.

Zur Metallogenie der mobilen Zonen der Erdkruste

Vor ca. 20 Jahren stellte J. A. BILIBIN die Hypothese auf, der Vorstellungen von der führenden Rolle der sogenannten geosynklinalen Faltengebiete bei der Verteilung endogener Erzlagerstätten zugrunde lagen. Bekanntlich sind sowohl die aktivsten vulkanischen Prozesse als auch der Prozeß der Entstehung von Granitkörpern vorwiegend in den Gebieten konzentriert, die mobile Zonen der Erdkruste darstellen und die stabilen Tafelteile voneinander trennen. Ein charakteristischer Unterschied der geosynklinalen Faltengebiete zu den Tafelgebieten sind das Vorherrschen intensiver Absenkungen und die Akkumulation mächtiger Sedimentserien in den frühen Stadien ihrer Entwicklung bzw. in den Endetappen der Auffaltung des gesamten Gesteinskomplexes. Nach dem Schema von J. A. BILIBIN steht somit die Bildung von Erzlagerstätten in direkter Verbindung mit den Etappen der Entwicklung der geosynklinalen Faltengebiete und ist mehr oder weniger stark an das Auftreten des Magmatismus gebunden, der für diese Etappe charakteristisch ist. J. A. BILIBIN vertrat die Ansicht, daß in der frühen Etappe der Entwicklung der Geosynklinalen, als das Territorium die größte Durchbiegung erfuhr, in Zusammenhang mit dem submarinen Vulkanismus die Bildung von Kupfer- und Schwefelkieslagerstätten stattfand. Nicht selten erfolgten in dieser Periode an Eisen und Magnesium reiche ultrabasische Intrusionen und bildeten mit ihnen verbundene Chromitlagerstätten und Lagerstätten der Platingruppe. Für die mittlere Etappe der geosynklinalen Entwicklung, d. h. im Stadium der Auffaltung der Geosynklinale, waren hochtemperierte Zinn-, Wolfram-, einige Typen von Goldlagerstätten, Molybdän- u. a. Lagerstätten charakteristisch. In allen Fällen sind dieselben genetisch mit Granitoidintrusionen verbunden. Schließlich bildeten sich in den späten Etappen der geosynklinalen Entwicklung, nachdem die Faltenzone insgesamt in einen stabilen halbtafelförmigen Zustand übergegangen war, telemagmatische Erzlagerstätten. Hierzu zählen bestimmte Typen von Blei-, Polymetall-, Quecksilber- und anderen Lagerstätten.

Auf Grund der Hypothese von J. A. BILIBIN wurden Prinzipien der Anfertigung metallogenetischer prognostischer Karten erarbeitet, die erlauben, in groben Zügen die Höffigkeit des jeweiligen Gebietes in bezug auf Erzrohstoffe einzuschätzen.

Jedoch machten zahlreiche Abweichungen von den genannten Gesetzmäßigkeiten, die auch von dem Begründer der Hypothese selbst bemerkt wurden, in kurzer Zeit neue Ergänzungen auf einer anderen, detaillierteren Grundlage erforderlich. Allmählich wurde es klar, daß die Beziehungen der verschiedenen Vererzungstypen zu den Prozessen der Entwicklung der geosynklinalen Faltenzonen weitaus komplizierter sind, als früher angenommen wurde. Insbesondere wurden die Unterschiede im Charakter des Magmatismus und der Vererzung zwischen jenen einzelnen Bereichen festgestellt, die schon in den frühen Entwicklungsstadien eine ständige Tendenz zur Aufwölbung zeigten, und den intensiv abgesunkenen Bereichen. Einige Wissenschaftler (W. I. SMIRNOW, G. A. TWALTSCHRELIDSE u. a.) ergänzten und präzisierten das ursprüngliche Schema, indem sie eine analoge Inhomogenität innerhalb der geosynklinalen Faltungszonen selbst feststellten und auf deren Bedeutung für die Metallogenie hinwiesen.

Darüber hinaus wurden einzelne Thesen der Konzeption von J. A. BILIBIN, die die Beziehung des Magmatismus zu der Entwicklung von Geosynklinalen charakterisieren, in den letzten Jahren kritisch überprüft. Seit ihrer Veröffentlichung wurde umfangreiches Faktenmaterial gesammelt, das sich im einzelnen auf die breite Anwendung neuer Untersuchungsmethoden (geophysikalische Methoden, absolute Geochronologie, Isotopenanalyse einiger Elemente u. a.) stützt.

Dabei wurde ein weites Auftreten von Prozessen der sogenannten Aktivierung von Tafeln und Gebieten mit bereits abgeschlossener Faltung festgestellt, in deren Ablauf bis dahin stabile Bereiche zum Schauplatz differenzierter Blockbewegungen mit vorherrschender Tendenz zu Hebungen, zu intensivem Magmatismus und zur Erzbildung wurden. Solche neuen Fakten gestatteten sozusagen dem Geologen, einen Blick in die tieferen Erdschalen zu werfen und sich der Untersuchung der Prozesse zuzuwenden, die unterhalb der

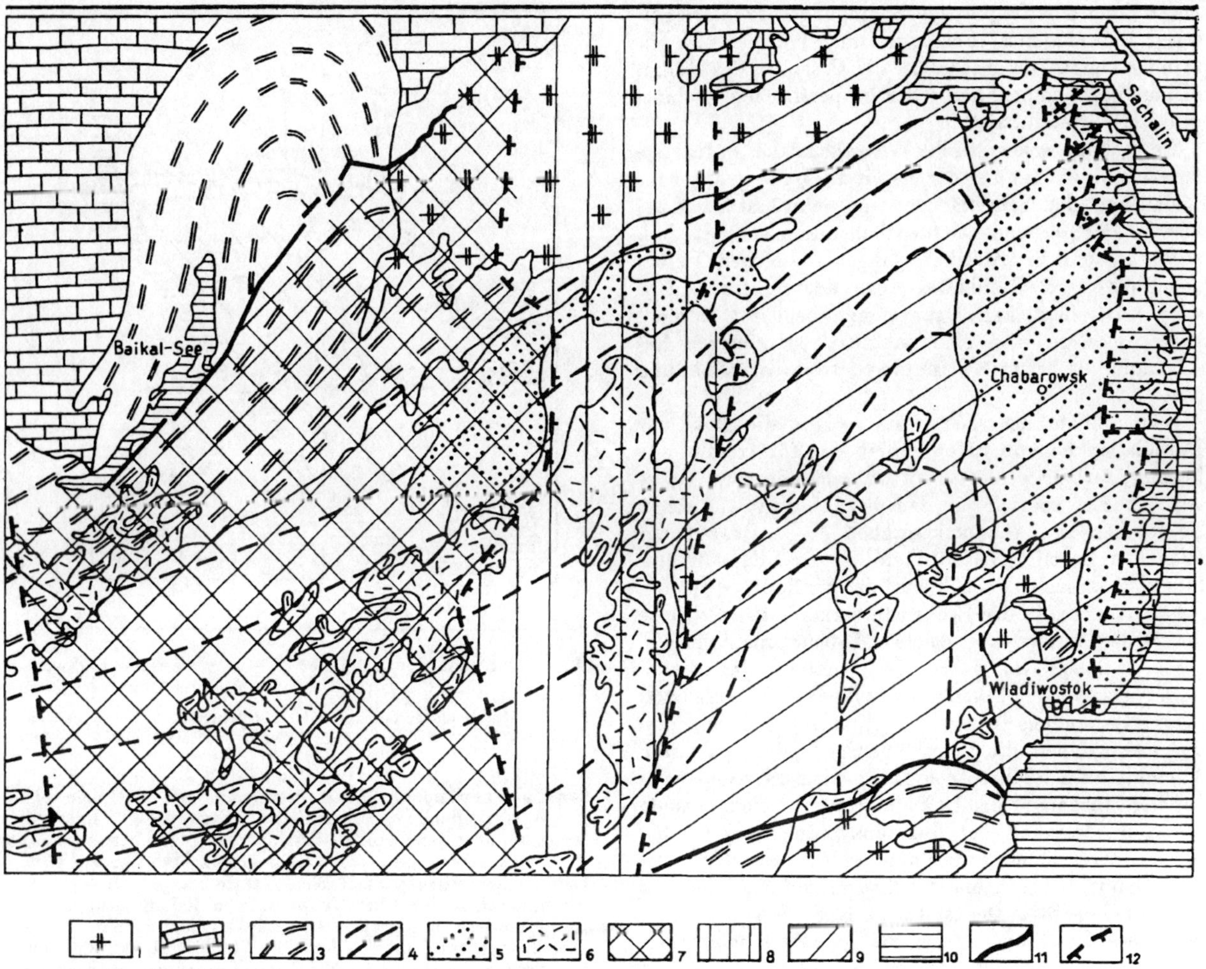

Abb. 1. Schema der Verteilung von Graniten verschiedenen Alters im Osten des asiatischen Festlands

1 — Schilde, stabile Gebiete des Austritts alter Serien; 2 — Platten, stabile Gebiete, die von flachlagernden Sedimenten bedeckt werden; 3 — frühpaläozoische Faltengebiete; 5 — mesozoische Faltengebiete; 6 — vulkanische Zonen; 7 — Gebiete der Verbreitung oberjurassischer Granite; 8 — Gebiete der Verbreitung von Graniten der Unteren Kreide; 9 — Gebiete der Verbreitung von Graniten der Oberen Kreide; 10 — Gebiete der Verbreitung paläogener Granite; 11 — große Brüche; 12 — Grenzen der durchgehenden Strukturen, die Gebiete der Verbreitung von Graniten verschiedenen Alters bestimmen

Erdkruste abliefen. Im einzelnen wurde festgestellt, daß das massenhafte Intrudieren von Granitmagmen und die sie begleitende Vererzung in den meisten Fällen nicht nur von der Faltenbildung im Geosynklinaltrog abhängen, sondern ebenfalls auch riesige und verschiedenartig gebaute Abschnitte der Erdkruste erfaßten (Tafeln und Gebiete mit bereits abgeschlossener Faltung).

Es entstand eine widersprüchliche Lage. Einerseits stützten sich die Geologen nach wie vor auf die Konzeption von der führenden Rolle der Geosynklinalen, zum Beispiel bei der Anfertigung regionaler prognostischer metallogenetischer Karten und sogar bei der Untersuchung von Erzbezirken. Andererseits sind zur Zeit schon genügend Fakten über die metallogenetische Bedeutung von Aktivierungsprozessen bekannt, um in nächster Zukunft die Grundlagen für die Anfertigung prognostischer metallogenetischer Karten unter Berücksichtigung der in den letzten Jahren festgestellten prinzipiell neuen Gesetzmäßigkeiten zu erweitern. Das erleichtert auch den Übergang von den qualitativen Bewertungen, mit denen zur Zeit immer noch die Aussonderung metallogenetischer Zonen vorgenommen wird, zur quantitativen Bewertung, der Aussonderung lokaler Abschnitte, die für Sucharbeiten auf große Erzobjekte perspektivisch sind.

Zonen „durchgehender Tiefenstörungen" des Erdkörpers

Bekanntlich ist die Erdkruste lediglich eine vergleichsweise geringmächtige Schicht, die die darunterliegenden beträchtlich mächtigeren Erdschalen bedeckt. Es ist daher leicht verständlich, daß die in diesen mächtigeren tiefen Hüllen verlaufenden Prozesse die Vorgänge in der Erdkruste tiefgreifend beeinflußten.

Wie äußert sich dieser Einfluß? Bekanntlich rufen Tiefherdbeben, die in einigen hundert Kilometern ablaufen, was beträchtlich die Mächtigkeit der Kruste (30—40 km) übertrifft, auch Verschiebungen oder Deformationen in der Erdkruste hervor. Wie sich herausgestellt hat, sind im Gebiet der Kurilen und in Japan die Hypozentren der Tiefbeben an eine mächtige, tief unter die Erdkruste eindringende Schwächezone gebunden, die unter den Kontinent hin einfällt.

Diese Zone schafft günstige Bedingungen für den Aufstieg von Magmen, Lösungen und Wärme. Mit ihr bringen einige Wissenschaftler die Ursachen des Vulkanismus in Zusammenhang, der im pazifischen Archipel weit verbreitet auftritt.

Der bekannte sowjetische Wissenschaftler A. N. SAWARITZKI, der als einer der ersten die große geologische Bedeutung der Scherflächen von Schwächezonen erkannt hatte, in denen Tiefherdbeben konzentriert sind, nahm an, daß die Stoffbewegungen in solchen Tiefen, die Fließ- und Drehbewegungen der Substanz u. a. auch von plötzlichen Expansionen begleitet werden. Diese Prozesse sind eine weitaus bedeutendere Erscheinung als beispielsweise die Faltung, Bruchbildung usw.

In der Mitte der 40er Jahre wurde die Rolle der Durchlässigkeit von tiefen Scherzonen für erzführende Lösungen in der geologischen Entwicklung einer Reihe von Gebieten speziell von dem bekannten sowjetischen Tektoniker und Akademiemitglied A. W. PEJWE, der auch den Begriff „Tiefenbruch" in die Literatur einführte, untersucht. Jedoch wird der Einfluß der tieferen Schalen auf die in der Erdkruste verlaufenden Prozesse durch die Entstehung solcher Brüche nicht herabgesetzt. Schon im Jahre 1948 schrieb der sowjetische Tektoniker, Akademiemitglied N. S. SCHATZKI: „Das Vorhandensein großer tektonischer Strukturen und Bewegungen, die die sehr unterschiedlich gebauten Abschnitte der Erdkruste erfassen, wirft die Frage nach der Gemeinsamkeit der Bewegungen und offenbar nach der Gemeinsamkeit der Substanzveränderung in den tieferen Erdschalen unter den an der Erdoberfläche äußerst unterschiedlichen Strukturen auf ..." Beispiel einer solchen Struktur ist (nach N. S. SCHATZKI) insbesondere die Transkaukasische querverlaufende Hebungszone, die sich in meridionaler Richtung bis weit in das Innere der Russischen Tafel verfolgen läßt.

Ähnliche Strukturen wurden von N. S. SCHATZKI als „durchgehende Strukturen" bezeichnet. Im folgenden soll dieser Terminus zur Bezeichnung der Tiefenstrukturen, einschließlich der Zonen der Tiefenbrüche, verwendet werden.

„Durchgehende Strukturen" sind im Vergleich zu den übrigen Strukturen der Erdkruste an der Erdoberfläche nur in verschleierter Form, so z. B. als „Queranomalien" durch Änderung in der Fazies der Ablagerungen, in deren unterschiedlichen Mächtigkeiten und in anderen spezifischen Strukturanzeichen feststellbar. Sie dienen als Aufstiegswege der tiefliegenden Basaltmagmen und heißen erzführenden Lösungen an die Oberfläche. Sie beeinflussen ebenfalls die Lokalisierung und Abmessungen der Herde saurer Magmen, die in der Erdkruste unter dem Einfluß von Tiefenprozessen entstanden.

Die wichtigsten dieser „durchgehenden Strukturen" unterscheiden sich durch ihr hohes Alter und entstanden möglicherweise schon in den frühen Stadien der Entwicklung der Erdkruste.

Bei den „durchgehenden Strukturen" unterscheidet man nach ihrer Form die Herausbildung von linearen und bogenförmigen Strukturen bzw. Ringstrukturen. Unter den durchgehenden Linearstrukturen kommt den weitverbreiteten in meridionaler und in E—W-Richtung verlaufenden Systemen eine besonders große Bedeutung zu. Insbesondere ist die obengenannte transkaukasische querverlaufende Hebungszone als meridionale Zone anzusehen. Als Beispiele für E—W verlaufende „durchgehende Strukturen" linearen Typs könnten jene großen Bruchzonen angesehen werden, die von dem amerikanischen Geologen G. MENARD auf dem Grunde des östlichen Pazifischen Ozeans festgestellt wurden. Sie erstrecken sich über Tausende von Kilometern, wobei sie sich durch eine große Geradlinigkeit auszeichnen. Diese Bruchzonen spiegeln sich auch im Relief des Grundes des Pazifischen Ozeans wider. Bei ihrem Vordringen nach Osten in Richtung des Festlands beeinflussen sie dort die Struktur der obersten Erdkruste und deren Morphologie, wobei sie oftmals unvermittelt auftretende Verbiegungen der Oberflächenstrukturen des Kontinents hervorbrachten.

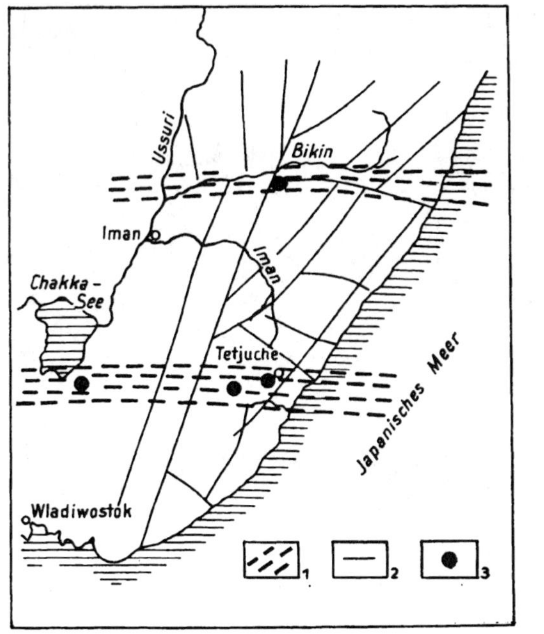

Abb. 2. Schema der Lage von E—W verlaufenden durchgehenden Strukturen des Sichote-Alins

1 — E—W verlaufende durchgehende Bruchzonen; 2 — Brüche anderer Richtungen; 3 — große Lagerstätten von Blei, Wolfram, Zinn und Zink

In direkter Fortsetzung einiger solcher pazifischer Bruchzonen sind auch auf dem nordamerikanischen Festland große Brüche anzutreffen. So liegt zum Beispiel in der unmittelbaren östlichen Fortsetzung der Clarion-Bruchzone der E—W verlaufende mexikanische Bruch, dem die dortigen Vulkane aufsitzen. Die größte E—W verlaufende tektonische Struktur des östlichen Nordpazifiks, die Garlock-Verwerfungslinie, liegt in unmittelbarer Fortsetzung des Ostteils der Murray-Bruchzone und tritt im Relief der sich ebenfalls E—W erstreckenden Wasatch-Range und des Pilot-Gebirgsmassivs deutlich in Erscheinung. Diese Garlock-Verwerfungslinie ist auch dadurch bekannt, daß sie auf dem Festland ein großes Gebiet auftretender Bormineralisation kontrolliert.

In den letzten Jahren begann im Zusammenhang mit den Erfolgen bei der Untersuchung des Baues des Mondes das Interesse an den Ringstrukturen unseres Planeten zu steigen. Ähnlich den tiefen „durchgehenden Strukturen" linearen Typs treten auch solche Ringstrukturen in verschleierter Form an der Oberfläche auf. Ihre Natur ist daher noch ungenügend untersucht. Jedoch wird ihre Existenz heute nicht mehr bezweifelt. Es gibt Gründe, anzunehmen, daß sich viele dieser riesigen Ringstrukturen, die bereits in den frühen Epochen der Erdentwicklung entstanden sind, in späteren Perioden größter Tiefenaktivität immer wieder durchsetzten.

Es soll im folgenden kurz der Zusammenhang zwischen den Verbreitungsgebieten von Granitoiden und den „durchgehenden Strukturen" betrachtet werden. Bis vor kurzem nahm man an, daß Granitoide nur innerhalb von Geosynklinalgebieten entstehen. Jedoch ist bekannt, daß auch die sich meridional erstreckenden Blöcke Ostasiens, die bis zu 1200 km Durchmesser erreichen, als magmakontrollierende „durchgehende Strukturen" auftreten. Von diesen Blöcken wird nämlich die Verbreitung synchroner mesozoischer Granite bestimmt. Der Transbaikal-Block beispielsweise bestimmt die Areale der Verbreitung von Graniten, deren abschließende Intrusionsphase ein absolutes Alter von 130—140 Mill. Jahren aufweist. Der benachbarte weiter östlich gelegene Oberamur-Granitoidblock unterscheidet sich vom ersteren in seiner Abschlußphase durch sein jüngeres Alter (115 Mill. Jahre), und im Primorje-Block war die Intrusion der Granite vor etwa 75 bis 80 Mill. Jahren abgeschlossen. Diese Blöcke umfassen Teile der Aldan-Scholle und der unterschiedlich alten Mongolisch-Ochotskischen und Pazifischen Faltengebiete, wobei alle eine Tendenz lang andauernder relativer Hebung zeigten.

Ein anderes Beispiel für durchgehende Strukturen kleineren Maßstabs ist die E—W verlaufende sogenannte Bikin-Bruchzone, die genetisch zum System der quer zur Faltung streichenden durchgehenden Strukturen der Gebirgsmassive des Sichote-Alins (Primorje-Gebiet) gehört. Diese Zone bildet eine deutliche Grenze zwischen dem sauren Magmatismus der Oberkreide und des Paläogens, der in weiter Erstreckung südlich von ihr anzutreffen ist, und des Andesit-Basalt-Magmatismus, der nördlich von ihr auftritt. Somit ist die Rolle dieser durchgehenden Strukturen klar. Sie trennen Gebiete gleichen Alters, weisen jedoch einen unterschiedlichen Magmatismus auf. Und was schließlich besonders wichtig ist, die Vorstellungen von einem Blockbau nicht

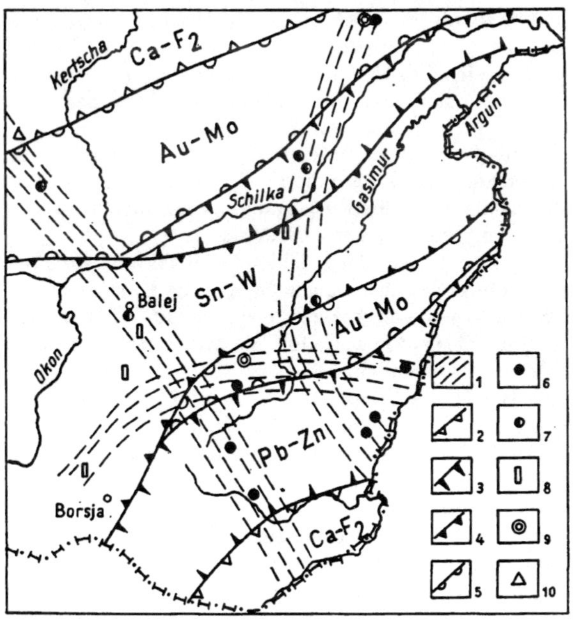

Abb. 3. Erzkonzentrierende Strukturen des östlichen Baikalgebiets

1 — erzkonzentrierende Strukturen
Metallogenetische Zonen: 2 — Grenzen der Zone der Fluoritmineralisation; 3 — Grenzen der Blei-Zink-Zone; 4 — Grenzen der Zinn-Wolfram-Zone; 5 — Grenzen der Gold-Molybdän-Zonen
Lagerstätten: 6 — Blei-Zink-Lagerstätten; 7 — Goldlagerstätten; 8 — Zinn-Wolfram-Lagerstätten; 9 — Molybdänlagerstätten; 10 — Fluoritlagerstätten

nur der tieferen Erdkruste, sondern auch ihrer oberen Hülle sowie die Vorstellungen des genetischen Zusammenhangs der endogenen Prozesse mit den tiefen Blöcken veranlassen heute die Wissenschaftler zu der Schlußfolgerung, daß gerade tiefe, subkrustale Prozesse die Ursache für die tektonische und magmatische Aktivität der einzelnen Teile der Erdkruste sind.

Die Metallogenie betritt Neuland

In den neuesten Untersuchungen der Probleme der prognostischen Einschätzung bestimmter Gebiete wird gerade den tiefen durchgehenden Strukturen große Bedeutung beigemessen, zu gleicher Zeit jedoch auch die Rolle der Strukturen berücksichtigt, die innerhalb der Erdkruste selbst verlaufen, darunter auch jene der Geosynklinalgebiete. Es gelang den Verf. nachzuweisen, daß die größten Blöcke durchgehenden Typs denen ähneln, die die Anordnung der Granite im Transbaikal und im Fernen Osten bestimmen, d. h. metallogenetische Provinzen darstellen. Es sind dies Flächen riesigen Ausmaßes, auf denen wohl verschiedene Vererzungstypen auftreten, die jedoch ganz überwiegend nur an eine tektonische Hauptphase gebunden waren. Im Zusammenhang damit können also die einzelnen metallogenetischen Zonen innerhalb einer Erzprovinz nicht nur von tiefreichenden durchgehenden Strukturen, sondern auch von Strukturen der oberen Erdkruste kontrolliert werden. So verliert die Konzeption von J. A. BILIBIN nicht ihre Bedeutung für das eigentliche Geosynklinalstadium und gestattet daher, die metallogenetischen Flächen auszusondern, die den geosynklinalen Faltenzonen und ihren einzelnen Abschnitten entsprechen. Schwieriger wird es dann, wenn man aus der Sicht dieser Konzeption den Versuch unternimmt, die für die konkreten Sucharbeiten wichtigen lokalen erzführenden Flächen auszusondern. Große Konzentrationen der Vererzung (sogenannte Erzbezirke) sind in der Regel an Blöcke gebunden, die die Herde krustaler Magmen in einer Fläche von 500 bis 1500 km² umgeben. Diese Beobachtung bietet Gelegenheit, Erzlagerstätten exakter zu prognostizieren. Hierzu ist jedoch die Ausarbeitung einer Methodik zur Entdeckung von „durchgehenden Strukturen" entsprechender Ausdehnung notwendig.

Die Notwendigkeit eines gesonderten Herangehens an die Untersuchung ähnlicher Strukturen wird davon bestimmt, daß bei der geologischen Kartierung die Brüche durchgehenden Typs bei weitem nicht immer erkannt werden. Wie schon oben festgestellt, sind sie an der Erdoberfläche nicht immer als Brüche vorzufinden und werden häufig von mächtigen Gesteinsserien der oberen Strukturstockwerke bedeckt. Bei den speziellen Methoden, die zu ihrer Untersuchung angewendet werden, kann man geophysikalische, eigentlich geologische und geomorphologische Methoden unterscheiden.

Hier soll im einzelnen nicht auf die geophysikalischen Methoden eingegangen werden, sie sind hinreichend bekannt. Es soll nur festgestellt werden, daß der vorgenommene Vergleich geophysikalischer Schemata, die den Blockbau der einzelnen Territorien erkennen lassen, mit Schemata, die auf Grund geomorphologischer und speziell geologischer Untersuchungen erhalten wurden, gut übereinstimmen. Das veranlaßte, die Bemühungen auf die weitere Ausarbeitung der Prinzipien der genannten Untersuchungen zu konzentrieren.

Im Hinblick darauf, daß diese durchgehenden Strukturen durch ihre lange Entwicklungsgeschichte charakterisiert werden, sind sie in Form verschiedener geologischer Anomalien ausgeprägt. Bei diesen Strukturen ist beispielsweise eine Anzahl spezifischer Fazies von Ablagerungen von Bedeutung, die sich als schmale lineare Zonen weithin verfolgen lassen. Es können dies aus alten marinen Geröllen bestehende Zonen sein, die auf den Verlauf der einstigen Uferlinie eines seit langem verschwundenen Meeresbeckens hinweisen, oder lineare Zonen von Riffkalksteinen, die die Erstreckung eines ehemals vorhandenen Küstenschelfs angeben. In den meisten Fällen weisen solche geologischen Merkmale auf bestimmte Strukturen des alten Reliefs hin, die tektonischer Natur sind. Verdeckte Bruchzonen treten auch in Form von flexurartigen Verbiegungen der Schichten oder Zonen feinster Klüftung auf. Mitunter sind sich in großen Intrusivmassiven linear erstreckende Zonen mit Einschlüssen von Trümmern in den Nebengesteinen vorzufinden. Solche Zonen zeugen vom Vorhandensein ihnen entsprechender Zerrüttungszonen in der Tiefe.

Geomorphologische Methoden, die gestatten, die Formen des derzeitigen Reliefs zu untersuchen, sind in den Fällen besonders effektiv, wo Übersichtsarbeiten auf einer großen Fläche durchgeführt werden. Ebenso wie die Beobachtungen der geologischen Anomalien gestatten sie, verdeckte Brüche und Blöcke des tieferen Fundaments nachzuweisen sowie den Grad der relativen Beweglichkeit der Blöcke und die Reihenfolge der Bildung und Wiederbelebung verschiedener Kategorien von Brüchen einzuschätzen. Hierbei haben wir es im wesentlichen mit Elementen der Neotektonik zu tun, die jedoch in der Regel an die älteren tektonischen Strukturen gebunden sind.

Die morphologischen Strukturschemata stimmen gewöhnlich gut mit den geophysikalischen Karten überein. Diese Übereinstimmung liegt in der Gemeinsamkeit der Ursachen begründet, die einerseits die Hebung bestimmter Blöcke und die Schaffung positiver Reliefformen hervorrufen und die andererseits die negativen Gravitationsanomalien bedingen. Ganz allgemein kann man annehmen, daß die Ursachen in einer gewissen Dekonsolidation und der Expansion der Materie unter den aufsteigenden Blöcken zu suchen sind.

Wie schon hervorgehoben wurde, gestattet die Untersuchung des Blockbaus der einzelnen Regionen heute, den wichtigen Schluß zu ziehen, daß Störungen, an denen magmatische Schmelzen und Erzemanationen an die Erdoberfläche gelangen, unterschiedlich tiefer Anlage sind. Dies wiederum führt zu der Annahme einer unterschiedlichen Teufe der Quelle der verschiedenen Vererzungstypen. Strukturen, die konkordant zur vorherrschenden Faltung verlaufen, sind in der Regel weniger tiefe Strukturen. So wurden für das Sichote-Alin-Gebiet entsprechend der unterschiedlichen Teufe der Strukturen drei Haupttypen von Brüchen ausgesondert: die nordöstlich streichenden, die mit der Richtung der Faltung übereinstimmen und die Lage der metallogenetischen Strukturzonen bestimmen; die nordwestlich und meridional verlaufenden und schließlich die E—W gerichteten Zonen, die am intensivsten in bewegliche Blöcke zerteilt sind und nach Osten in das Festland hinein verlaufen. Die Bruchzonen des ersten und zweiten Typs werden von Dispersionshöfen der Erzmineralisation begleitet. Dabei lassen sich die folgenden Unterschiede beobachten: Die konkordant zur Faltung nordöstlich streichenden Brüche werden fast ausschließlich von Zinn-Wolfram-Erzvorkommen begleitet, die nordwestlichen und meridionalen von Blei-Zink- und teilweise Zinnvorkommen. Wichtig ist die Tatsache, daß sich dort, wo die nordöstlich streichenden Störungen die etwas tieferen nordwestlich und meridional verlaufenden kreuzen, Konzentrationen einer dispersen Zinnvererzung beobachten lassen.

Wo entstehen große Erzlagerstätten?

Es ist somit notwendig, sich eingehender mit der metallogenetischen Bedeutung des dritten Störungstyps, den E—W verlaufenden Zonen, die das Sichote-Alin-Bergland in einige große Blöcke gliedern, zu beschäftigen. Diese Zonen besitzen eine große Ausdehnung und lassen sich auf dem Grunde des Japanischen Meeres und des Tataren-Sundes als große Stufen verfolgen. Es gibt allen Grund anzunehmen, daß auch sie nach Westen durch die Faltenstrukturen des Sichote-Alins hindurch verlaufen.[1])

Von diesen Zonen ist die Taduschinsk—Tetjuchinsker am besten untersucht. Im Gegensatz zu den obenuntersuchten Störungstypen kontrolliert diese Zone nicht das Auftreten einer bestimmten Vererzungsart. Ganz im Gegenteil, bei ihrem Fortsetzen von Osten nach Westen wird die Blei-Zink-Vererzung hier von einer Zinnvererzung abgelöst. Allerdings besitzt diese Zone eine nicht zu unterschätzende Besonderheit. In ihr befinden sich die größten im Primorje-Gebiet bekannten Blei-Zink- und Zinnlagerstätten. Das läßt den Gedanken aufkommen, daß im Gegensatz zu den „erzführenden" nordöstlich, nordwestlich und meridional streichenden Strukturen die E—W verlaufenden Zonen eine besondere Rolle spielen und als „erzkontrollierende" Zonen ausgesondert werden können.

Ungeachtet der noch fehlenden exakten metallogenetischen Spezialisierung werden die erzkonzentrierenden Störungen von höheren Gehalten an einigen spezifischen Elementen begleitet, die offensichtlich zu den Tiefenemanationen gehören.

Es taucht die Frage auf, ob die von den Verf. vorgenommene Unterteilung der Strukturen in erzführende und erzkonzentrierende eine breitere und nicht nur regionale Bedeutung besitzen? Ungeachtet dessen, daß mit der Arbeit in dieser Richtung erst begonnen wurde, kann schon jetzt mit genügender Gewißheit auf diese Frage positiv geantwortet werden.

Im folgenden noch einige Beispiele: Im östlichen Transbaikalgebiet streichen die Strukturen der Erdkruste und die wichtigsten metallogenetischen Zonen ebenfalls in nordöstlicher Richtung. Dabei sind die größten Lagerstätten innerhalb der „durchgehenden Strukturen" gelegen, die die

[1]) Diese Zonen, die eine Mächtigkeit von mehreren Dutzend Kilometer erreichen, können auf Grund ihrer Merkmale mit den großen Brüchen des Ostteils des Stillen Ozeans, die dort von H. MENARD festgestellt wurden, verglichen werden.

metallogenetischen Zonen durchkreuzen und oft bogenförmig angeordnet sind. Offensichtlich liegen hier Fragmente riesiger Ringstrukturen vor. So bestimmt beispielsweise die bogenförmige Klitschinsk—Darasunsker Zone, die nahezu unter geradem Winkel die Strukturen der oberen Erdkruste kreuzt, auch die Lokalisierung großer Erzfelder, wie Gold-, Fluorit-, Blei-, Zink- und Wolframlagerstätten. In der Blei-Zink führenden Zone des Transbaikals unterscheiden sich die Erzfelder des Klitschkinsk—Akatujewsker Blocks, der das Glied einer erzkonzentrierenden Struktur ist, durch die spezifische Isotopenzusammensetzung der Bleierze. Letztere lassen die Annahme zu, daß in diesem Falle die erzkonzentrierende „durchgehende Struktur" das Blei aus einer anderen Quelle bezog. Darüber hinaus könnte die Ansicht vertreten werden, daß sich auch in dem obenangeführten Beispiel des Sichote-Alins die Isotopenzusammensetzung der Bleierze aus Lagerstätten, die in der erzkonzentrierenden E—W verlaufenden Struktur gelegen sind, von der Zusammensetzung der Bleierze der Lagerstätten außerhalb dieser Struktur unterscheiden.

In Nordwestarmenien, wo die disperse polymetallische und Schwefelkiesmineralisation von den vorwiegend nordwestlich streichenden, konkordant zur Faltung verlaufenden Brüchen kontrolliert wird, wurde von dem Mitarbeiter der Armenischen Akademie der Wissenschaften der UdSSR B. M. MELIKSETJAN und den Verf. festgestellt, daß an der Kreuzungsstelle ähnlicher Brüche eines submeridionalen Systems von Störungen verhältnismäßig große und praktisch wichtige Lagerstätten entstanden. Im Streichen dieses Systems ändert sich wie in den obenbeschriebenen erzkonzentrierenden Strukturen des Sichote-Alins und Transbaikaliens der Vererzungscharakter. In diesem Falle sind im Süden Lagerstätten goldhaltiger Pyrite und im Norden Kupferlagerstätten verbreitet.

Erzkonzentrierende Strukturen

Abschließend kann festgestellt werden, daß in den untersuchten Gebieten besondere Strukturen, die als „erzkonzentrierende" Strukturen bezeichnet werden, ausgesondert und vorläufig charakterisiert werden konnten. Ihre Hauptmerkmale sind:

die Tiefe ihrer Anlage, die die Mächtigkeit der Erdkruste übertrifft, was sich an der Oberfläche im unabhängigen Verhalten dieser Strukturen in bezug auf die Strukturen der oberen Erdkruste äußert;

ihr Charakter als breite Zonen verdeckter Brüche mit intensiver Blockgliederung;

Ablösung von Vererzungstypen der einen Art innerhalb der Strukturen durch andere Vererzungstypen im Streichen der Strukturen.

Wenn man einige spezifische geochemische Besonderheiten der „erzkonzentrierenden Strukturen" hervorheben will, so muß die Tatsache erhöhter Borgehalte sowie die besondere Isotopenzusammensetzung der Bleierze im Gegensatz zu den regional verbreiteten erwähnt werden. Wenn die „erzkonzentrierenden Strukturen" zweifelsohne zum Typ der tiefen „durchgehenden Strukturen" gehören, so überschreitet ein beträchtlicher Teil der erzführenden Strukturen nicht den Bereich der eigentlichen Erdkruste. Dies erlaubt, ein hypothetisches Modell der Vererzungsprozesse zu konstruieren, wonach unterschiedlich tief reichende Zonen der Erdkruste in bestimmten Regionen entweder mit diesen oder jenen Elementen angereichert sind. Dadurch läßt sich auch die Tatsache erkären, daß ungleich tief reichende erzzuführende Brüche verschiedene Erzsubstanzen an die Erdoberfläche transportieren (im Sichote-Alin Zinn, Gold und Blei, in Armenien Gold und Kupfer usw.). Dabei zeigt die Mineralisation, die unmittelbar aus den Tiefen aufstieg, in der Regel disperse Verteilung und ist von industriellem Interesse. Nur an den Kreuzungsstellen mit den speziellen Systemen durchgehender tiefer Brüche, die Verf. den „erzkonzentrierenden" zuordnen, treten unter dem Einfluß der in ihnen zirkulierenden Hochtemperaturerzlösungen charakteristische Emanationen auf, die sonst für tiefere Zonen charakteristisch sind, finden eine Umverlagerung und Konzentration der dispersen Mineralisation und die Bildung großer Lagerstätten statt.

So ist bei Sucharbeiten auf Erzlagerstätten von industrieller Bedeutung auch in Zukunft das Hauptaugenmerk auf die Kreuzungspunkte der regionalen metallogenetischen Zonen mit den „erzkonzentrierenden" Tiefenstörungen zu richten. Zur weiteren Einengung der perspektivischen Gebiete sind an ähnlichen Kreuzungszonen die „Herd"blöcke („очаговые" блоки), die geschlossene Gebiete der Entwicklung des Magmatismus bestimmten Typs darstellen, speziell zu untersuchen. Diese Blöcke entsprechen in ihrer Ausdehnung den bekannten Dimensionen vulkanischer Calderen und bestimmen offensichtlich die Grenzen der in der Erdkruste befindlichen Magmenherde. Man kann annehmen, daß die Entstehung ähnlicher Herde innerhalb der erzkonzentrierenden Strukturen auch durch Ströme überhitzter Tiefenemanationen bedingt wird. So gelang es zu zeigen, daß die Flächen der „Herd"-blöcke („очаговые" блоки) den Erzbezirken entsprechen.

Abschließend sollen die wichtigsten Schlußfolgorungen, die in direkter Beziehung zum Problem der Prognostizierung industriell interessanter Erzobjekte stehen, aufgezählt werden.

Neben den weitestgehend bekannten erzführenden Strukturen gibt es noch Strukturen, die von „erzkonzentrierender" Bedeutung sein können. Dabei entstehen die größten Lagerstätten an der Kreuzung der erzführenden und der „erzkonzentrierenden" Strukturen.

Gegenwärtig sind die Hauptmerkmale der erzkonzentrierenden Strukturen bekannt und die Methoden zu ihrer Entdeckung wie auch zur Entdeckung von erzführenden Strukturen ausgearbeitet worden. In Gebieten, in denen sich die regionalen metallogenetischen Zonen mit den „erzkonzentrierenden" Strukturen kreuzen, sind die Flächen der „Herd"blöcke („очаговые" блоки), die den Erzbezirken entsprechen, am aussichtsreichsten für konkrete Sucharbeiten.

Damit wird eine neue Richtung der metallogenetischen Untersuchungen aufgezeichnet, die im Endergebnis eine Antwort auf die Frage geben soll, wo große Erzlagerstätten zu suchen sind. Die endgültige Lösung dieser Aufgabe macht weitere umfangreiche Arbeiten erforderlich, die in erster Linie auf die Ausarbeitung neuer Prinzipien der Anfertigung prognostischer metallogenetischer Karten gerichtet sind.

Perspektiven der Erdöl- und Erdgasführung der Aquatorien der Erde

M. K. KALINKO, Gommern

Bei der Fülle von Arbeiten, die der Einschätzung der Perspektiven der Erdöl- und Erdgasführung verschiedener Territorien gewidmet sind, wird denen der Aquatorien nur relativ geringe Aufmerksamkeit geschenkt. Sucharbeiten auf Erdöl und Erdgas, die in relativ wenigen Aquatorien in Angriff genommen worden sind, erweisen sich jedoch nicht selten als effektiver, verglichen mit analogen Arbeiten auf dem angrenzenden Festland. Ein prägnantes Beispiel hierfür bietet England, wo es im Verlauf von fast 60 Jahren nicht gelang, auf dem Festland große Lagerstätten von Erdöl und Erdgas zu entdecken, während im angrenzenden Teil der Nordsee bereits die erste Bohrung eine große Erdgaslagerstätte entdeckte und im Verlauf der folgenden drei Jahre sieben Erdgaslagerstätten mit Gesamtvorräten von ca. 700 Mrd. m³ erschlossen wurden. Eine Untersuchung der Verteilung von Erdöl und Erdgas in der Erdkruste gestattete bereits im Jahre 1958 die These aufzustellen, daß die Erdöl-Erdgasführung der Aquatorien der Ausdruck einer von vielen Gesetzmäßigkeiten der Verteilung von Erdöl und Erdgas in der Erdkruste ist (M. K. KALINKO 1958). Auf Grund einer Analyse der geologischen Fakten deutete Verfasser die perspektivischen Aquatorien hinsichtlich einer Erdöl- und Erdgasführung an (M. K. KALINKO 1959). Die Ergebnisse der während der letzten zehn Jahre in einer Reihe von Aquatorien durchgeführten Sucharbeiten bestätigten die Richtigkeit dieser Prognose. Industrielle Lagerstätten von Erdöl und Erdgas wurden erschlossen: im Cook Inlet (Alaska), im Golf von Guinea, in der Großen Syrte, im Golf von Papua, in der Biskaya, in der Nordsee, in der Bass-Straße und in der Straße von Malakka sowie im Atlantischen Ozean (an der Küste Brasiliens) und im Indischen Ozean (an der Küste Australiens) (Abb.).

Diese Bestätigung der Prognose zeugt von der Effektivität der angewendeten Methode und erlaubt es, sie zur Einschätzung der Erdöl- und Erdgasführung aller Aquatorien zu verwenden und zu versuchen, die möglichen Ressourcen an Erdöl und Erdgas einzuschätzen, die der Boden dieser Aquatorien enthält. Zunächst betrachten wir jedoch den Untersuchungsgrad der verschiedenen Aquatorien.

Der Untersuchungsgrad der verschiedenen Aquatorien

Noch nie gab es in der Entwicklung der Erdöl- und Erdgasförderindustrie eine so sprunghafte Zunahme der fördernden Bezirke und Länder, wie dies in den 60er Jahren dieses Jahrhunderts bei der Suche, Erkundung und Gewinnung von Erdöl und Erdgas aus dem Boden der Aquatorien der Fall war.

Eingang des Manuskripts in der Redaktion: 8. 4. 1969

Noch gegen Ende der 50er Jahre wurde Erdöl und Erdgas von acht Ländern nur in acht Aquatorien gesucht und gefördert. Zu Beginn des Jahres 1969 dagegen fördern bereits 17 Länder in 17 Aquatorien; in 11 Aquatorien, die zu 11 Ländern gehören, wurden Lagerstätten entdeckt, aus denen jedoch noch nicht gefördert wird (Tab.). Suchbohrungen wurden und werden von 47 Ländern in 44 Aquatorien, geologisch-geophysikalische Arbeiten von 77 Ländern in 45 Aquatorien durchgeführt. Insgesamt wurden in 45 Aquatorien 248 Erdöl- und 129 Erdgaslagerstätten entdeckt, von denen einige teilweise bis auf das Festland reichen.

Wegen der Kürze vorliegender Information ist es schwer, vollständig den Stand der Förderung, die Suche und Erkundung in allen Aquatorien zu behandeln. Deshalb beschränken wir uns auf die wichtigsten von ihnen und die jüngsten Arbeitsergebnisse.

Das Kaspische Meer

Das Kaspische Meer, aus dessen Untergrund erstmalig in der Welt eine Erdölförderung stattfand, ist eines der am besten untersuchten Aquatorien. In diesem Becken wurden recht detaillierte systematische Untersuchungen durchgeführt, auf Grund deren die regionalen Züge der Tektonik ermittelt werden konnten. Sie fanden in der tektonischen Karte Eurasiens, die unter der Redaktion von Akademiemitglied A. L. JANSCHIN erarbeitet wurde, ihren Niederschlag. Innerhalb dieses Beckens wurden 11 Erdöl- und zwei Erdgaslagerstätten entdeckt. Bemerkenswert ist, daß vom Grund des Kaspischen Meeres mehr als die Hälfte (58%) der gesamten in Aserbaidshan gewonnenen Erdölmenge gefördert wird. Hierbei sind die Selbstkosten der Tonne Erdöl, ungeachtet der bedeutenden zusätzlichen Kosten für die Unterhaltung der Anlagen im Meer, 2- bis 3mal niedriger als die Selbstkosten einer auf dem Festland gewonnenen Vergleichsmenge.

Die Nordsee

Sehr interessante Angaben wurden in der Nordsee gewonnen, wo bereits im Jahre 1967 480 Mill. m³ Erdgas gefördert wurden. Bis zum 1. Januar 1969 wurden dort neun Erdgas- und eine Erdöl-Erdgaslagerstätte entdeckt, die hauptsächlich im britischen Sektor, jedoch auch im norwegischen und niederländischen Sektor liegen. Hierbei haben sich nicht nur die Sedimente des Rotliegenden in einer Teufe von 3000 bis 3300 m als gasführend erwiesen, sondern auch Schichten des Buntsandsteins, der in Teufen von 900 bis 1950 m angetroffen wurde. Erdölzuflüsse konnten nur in einer Lagerstätte aus Sedimenten des Zechsteins (Teufe: 2064 bis 2071 m; Förderung 52 t/Tag; Erdgas 200000 m³/Tag, Dichte des Öls 0,8251 g/cm³)

Zeitschrift für angewandte Geologie, Bd. 15 (1969), Heft 8

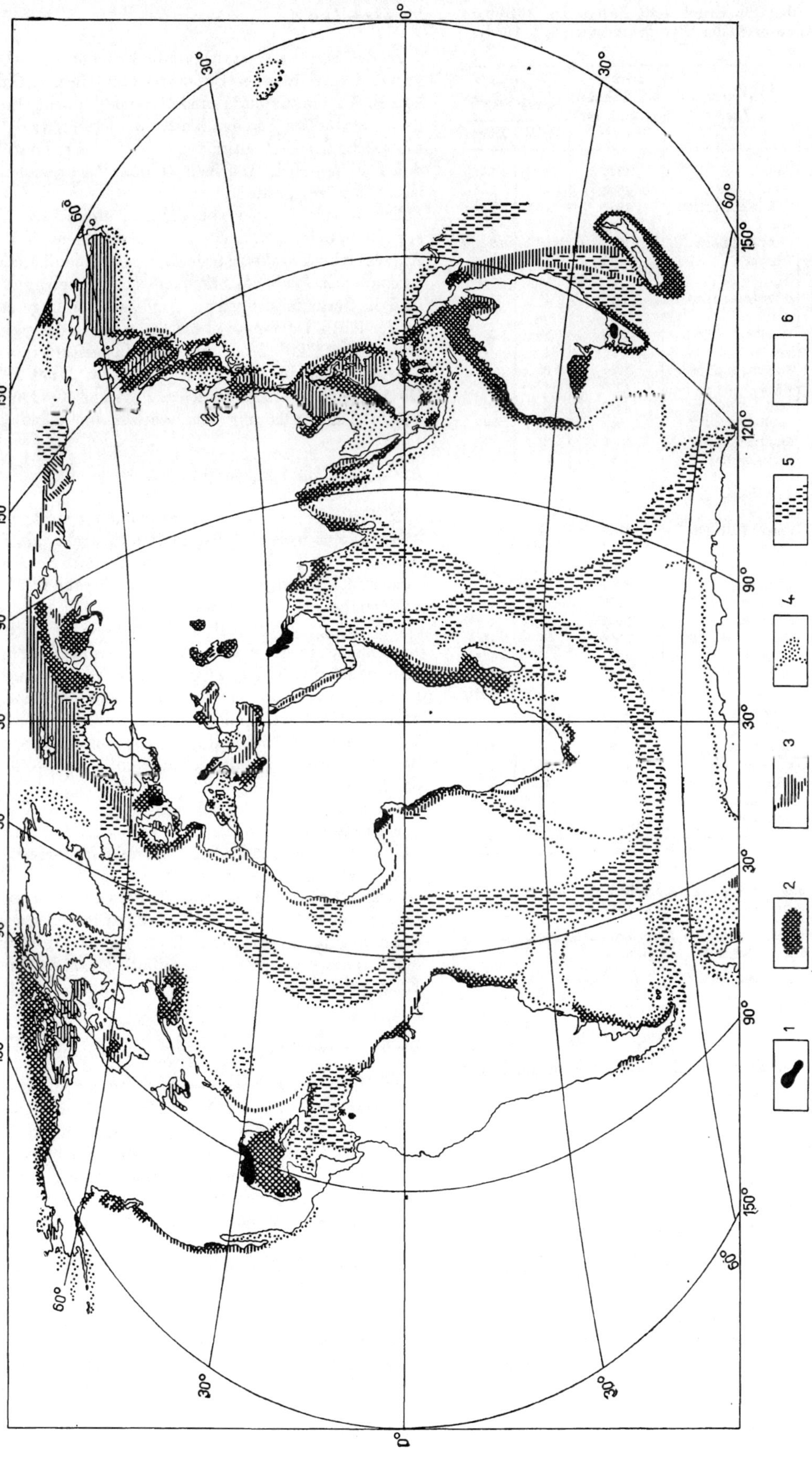

Abb. Perspektive der Erdöl- und Erdgasführung der Aquatorien der Welt (zusammengestellt von M. K. Kalinko 1969)

1 – Aquatorien mit bewiesener Erdöl- und Erdgasführung; 2 – hochperspektivische Aquatorien; 3 – perspektivische Aquatorien; 4 – möglicherweise perspektivische Aquatorien; 5 – nichtperspektivische Aquatorien; 6 – Aquatorien mit nicht ermittelter Perspektive

Tab. Übersicht über die Erdöl- und Erdgaslagerstätten in verschiedenen Aquatorien der Welt (Stand vom 1. 1. 1969)

Bezeichnung des Aquatoriums	Bezeichnung des Landes	Erschließungsjahr der ersten Lagerstätten	Zahl der Lagerstätten*)	
			Erdöl	Erdgas
Kaspisches Meer	UdSSR	1820	11	2
Japanisches Meer	Japan	1880	1	2
Stiller Ozean	USA, Kalifornien	1906	11	5
Golf von Mexiko	Texas	1960	13	1
,,	USA, Louisiana	1936	142	93
Lagune von Maracaibo	Venezuela	1926	5	–
Südchinesisches Meer	Brunei, Malaysia	1936	1	1
Eriesee	Kanada	1913	–	3
Golf von Mexiko	Mexiko	1950	4	–
Paria-Golf	Trinidad und Tobago	1959	3	–
Golf von Suez	VAR	1960	5	–
Stiller Ozean	Peru	1960	2	–
Persischer Golf	Saudi-Arabien	1951	9**)	–
,,	Neutrale Zone	1960	3	–
,,	Vertrags-Oman	1962	4	–
,,	Iran	1959	9	–
,,	Qatar	1960	2	–
Atlantischer Ozean	Nigeria	1961	6	–
,,	Angola (Cabinda)	1967	1	–
,,	Dahomey	1967	1***)	–
,,	Gabun	1960	3	–
Golf von Biskaya	Frankreich	1966	1***)	–
Nordsee	England	1965	–	7
,,	Norwegen	1968	–	1***)
,,	Niederlande	1968	–	1***)
,,	Dänemark	1968	–	1***)
Straße von Malakka	Indonesien	1968	–	1***)
Golf von Papua	Papua	1968	–	1***)
Adriatisches Meer	Italien	1962	–	5
,,	,,	1955	1	–
Sidra-Bucht	Libyen	1966	–	1***)
Atlantischer Ozean	Brasilien	1947	2	–
Cook Inlet	USA	1965	4	1
Stiller Ozean	Australien		3***)	2
Bass-Straße	Australien		1***)	–
		gesamt:	248	129

*) einschließlich der Lagerstätten, die teilweise auf dem Festland liegen, sowie solcher, mit deren Abbau noch nicht begonnen wurde,

**) Unter diese Zahl fällt auch die Lagerstätte Safanija-Chafdshi, die teilweise in den Gewässern von Kuweit liegt.

***) Lagerstätte wird nicht abgebaut.

festgestellt werden. Die erkundeten Erdgasvorräte in der Nordsee betragen 708 Mrd. m^3; die potentiellen Vorräte werden auf 8500 Mrd. m^3 geschätzt.

Das Mittelmeer

Auf Grund der in Höhe der Halbinsel Abruzzi erzielten Gaszuflüsse konnten die Erdgasvorräte im nördlichen Teil des Adriatischen Meeres neu eingeschätzt werden; sie erhöhten sich auf das Dreifache, d. h. auf 60 Mrd. m^3. Es besteht alle Ursache anzunehmen, daß ein großes erdgas-, möglicherweise auch erdölführendes Aquatorium entdeckt wurde, das sich im südlichen Teil des Mittelmeers von der Bucht von Gabès im W (Tunesien) bis zur Bucht von Sidra im E (Libyen) erstreckt, wo die Sedimente der Oberen Kreide produktiv sind.

Die Küsten Afrikas

Zu den Staaten Westafrikas, die Erdöl aus dem Untergrund des Atlantischen Ozeans fördern (Nigeria, Gabun), kamen Angola (Cabinda) und Dahomey hinzu. Die Entdeckung von Erdöl an den Küsten des letzteren zeigt, daß die Fläche der Verbreitung von erdöl- und erdgasführenden Sedimenten im marinen Teil der Nigersenke breiter ist als auf dem Festland.

Die an den Küsten von Cabinda entdeckten Lagerstätten beweisen, daß ein ähnliches Bild auch für die Angolasenke charakteristisch ist, was anschaulich aus dem geologischen Profil zu erkennen ist. Interessanterweise sind die Förderleistungen pro Sonde aus den Lagerstätten an der Küste Dahomeys ebenso hoch wie in der gesamten Nigersenke (200 t/Tag). Auf den Lagerstätten an der Küste von Cabinda förderten bereits im Jahre 1968 17 Bohrungen aus Teufen zwischen 2134 und 2743 m bis zu 4000 t/Tag Erdöl mit einer Dichte von 0,845 g/cm^3.

Golf von Suez, Indonesien und Australien

1968 wurde im Golf von Suez (südlich der Lagerstätte Morgan) eine neue Erdöllagerstätte entdeckt, die Debite von mehr als 1000 t/Tag aufweist. Es muß auch an die neuentdeckte Erdgaslagerstätte in der Straße von Malakka (Indonesien) erinnert werden.

Sehr erfolgreich verläuft die Erdölsuche an den Küsten Australiens. In der Bass-Straße wurden drei Erdöl- und eine Erdöl-Erdgas-Lagerstätte entdeckt. Die ausbringbaren Vorräte von nur zwei von ihnen erreichen 190 Mill. m^3 Erdöl, während die Erdgasvorräte dieser Lagerstätten 150 Mrd. m^3 betragen. Die potentiellen Erdölvorräte in diesem Teil des Schelfs werden auf 270 Mill. m^3 geschätzt.

Ein neues erdöl-erdgasführendes Aquatorium wurde an der Nordwestküste Australiens entdeckt. Aus einer 160 km nordöstlich der Barrow-Insel niedergebrachten Bohrung wurde in einer Teufe von 1890 m ein Zufluß schweren Erdöls in Höhe von 161 m^3/Tag mit einem Gasfaktor von 190 m^3/Tag erzielt. Erdgasführend erwies sich ferner das Aquatorium im Golf von Papua. Hier wurde in einer Teufe von 1880 m ein Zufluß von 740000 m^3/Tag Erdgas erhalten.

Die Küsten Amerikas

In Alaska wurden aus vier Lagerstätten im Cook Inlet im Jahre 1968 täglich 21500 t Erdöl gefördert, das sind 77,5% der Gesamtförderung in diesem Staat. An der Küste Kaliforniens werden im Stillen Ozean verstärkt Bohrungen bis zu einer Wasserüberdeckung von 303 m abgeteuft (Kanal von Santa Barbara). Dabei wurden Erdölzuflüsse aus Sonden bei einer Wassertiefe von 185 m erhalten.

Intensive Arbeiten im Golf von Mexiko erbrachten folgende Resultate:

1. In den Schichten unter dem Meer ist ein System von Salzkuppeln von der Küste Louisianas im N bis nach Veracruz (Mexiko) im S entwickelt, wobei die Salzkuppeln nicht nur im Schelfbereich, sondern auch auf den Kontinentalhängen und im abyssischen Bereich angetroffen werden.

Zeitschrift für angewandte Geologie, Bd. 15 (1969), Heft 8

2. An der Küste von Louisiana wurden mehr als 100 Lagerstätten mit ausbringbaren Anfangsvorräten von 650 Mill. t Erdöl (200 Mill. t gefördert) und 380 Mrd. m³ Gas (184 Mrd. m³ gefördert) entdeckt.

3. An der Küste von Mexiko ist in den Gewässern des Golfs die östliche Hälfte des „Goldenen Gürtels" ausgebildet. Hier wurden vier marine Erdöllagerstätten entdeckt, in denen ebenfalls unterkretazische Sedimente in Teufen von 3300 bis 3500 m produktiv sind (Förderleistungen 70 bis 80 t/Tag).

Prinzipielle Bedeutung hat die Entdeckung einer Erdöllagerstätte im Atlantischen Ozean an der Küste Brasiliens (8 km von der Stadt Aracaju entfernt). Hier flossen in 1300 m Teufe etwa 300 t/Tag Erdöl von 0,83 g/cm³ Dichte zu. Das ist das leichteste Erdöl in diesem Land.

Bei den allgemein bekannten glänzenden Ergebnissen der Erdölsuche in solchen Gewässern, wie im Maracaibosee, im Golf von Paria und im Persischen Golf brauchen wir uns nicht aufzuhalten. Wir stellen nur fest, daß im Maracaibosee hohe Förderleistungen (von 400 bis 1100 t/Tag) aus den La-Luna-Kogolla-Kalken (Kreide), die in Teufen von 3700 bis 4100 m liegen, erzielt wurden.

Es ist interessant, daß 307 Meeresbohrungen im Golf von Paria nur 9% der gesamten Bohrungen Trinidads ausmachen, jedoch 40% der gesamten im Lande gewonnenen Erdölproduktion liefern.

Allgemein

In den Gewässern des Persischen Golfs sind bereits 21 Erdöllagerstätten bekannt. Die potentiellen Vorräte dieses Gebiets betragen nach unseren Berechnungen nicht weniger als 25 Mrd. t.

Die hohe Effektivität von Such- und Erkundungsarbeiten in Aquatorien ist ein großer Anreiz für die Forcierung dieser Arbeiten in vielen Ländern, auch solcher, auf deren Territorium derartige Arbeiten bisher nicht durchgeführt werden oder nie durchgeführt wurden (Norwegen, Ghana, England, Schweden, Dänemark usw.). Sogar Staaten, auf deren Territorien perspektivische Flächen vorhanden sind, forcieren die Arbeiten in den angrenzenden Aquatorien (Niederlande, Australien). So sind z. B. in Australien im Finanzjahr 1967/68 die Ausgaben für die Suche von Erdöl und Erdgas im Offshore-Bereich mehr als doppelt so hoch (56 Mill. Dollar) als die Ausgaben für die Durchführung analoger Arbeiten auf dem Festland (24 Mill. Dollar).

Über die Methoden zur Einschätzung der Perspektiven einer Erdöl- und Erdgasführung von Aquatorien

Wie bereits erwähnt, wurden die Grundprinzipien zur Einschätzung der Perspektiven der Erdöl- und Erdgasführung von Aquatorien in einer früheren Arbeit (M. K. KALINKO 1964) dargelegt. Betrachten wir die Schlußfolgerungen, die sich aus der Verallgemeinerung der Angaben über die entdeckten erdöl- und erdgasführenden Aquatorien ergeben. Dabei ist zu berücksichtigen, daß Sucharbeiten bis jetzt nur innerhalb der marinen Schelfgebiete durchgeführt worden sind. Ebenso wie auf dem Festland wurden in den Aquatorien Erdöl- und Erdgaslagerstätten in strukturellen Senken verschiedenen Typs entdeckt.

Hierbei ist die Verteilung der Erdöl- und Erdgaslagerstätten innerhalb der Senken nicht einheitlich für die verschiedenen Typen. In grabenförmigen Senken auf präkambrischem Fundament liegen die größten Lagerstätten, wie die Angaben über den Golf von Suez zeigen, in ihrem Zentralteil. An ihrer Peripherie finden sich gewöhnlich Lagerstätten von geringerem Ausmaß, wobei in den angehobenen Flanken eine Migration des Erdöls in ältere stratigraphische Horizonte bis einschließlich zum Fundament möglich ist.

In periozeanischen Plattformsenken, die leider noch nicht ausreichend erkundet sind, wird eine geringere Erdöldichte mit zunehmender Annäherung in Richtung zum Ozean beobachtet. Das zeugt für eine Migration des Erdöls aus der Richtung des letzteren. Besonders kennzeichnend hierfür sind die Angaben über die Alagôassenke. Das leichteste Erdöl (0,83 g/cm³) wurde aus einer Bohrung erhalten, die 8 km vor der Küste niedergebracht wurde, während in den Lagerstätten auf dem Festland kein Erdöl angetroffen wurde, das leichter als 0,928 g/cm³ war.

In der einzigen bekannten Plattformsenke auf dem kaledonischen Fundament der Nordsee nimmt die Größe der Lagerstätten nach dem Zentrum der Senke hin zu und verringert sich (englische Küste) oder verschwindet völlig in einzelnen peripheren Teilen, während sie in anderen auch größer werden kann (Niederlande).

Für Randsenken auf dem präkambrischen Fundament ist eine Zunahme der Erdöl- und Erdgasführung hinsichtlich des stratigraphischen Bereichs in Richtung auf das Beckeninnere hin charakteristisch (Persischer Golf und Golf von Mexiko). In Vorgebirgs- und Zwischengebirgssenken der alpidischen Tektogenese ist die Erdöl- und Erdgasführung in Bereichen der Aquatorien die gleiche wie in den angrenzenden Teilen des Festlands. Selten wird eine Falle angetroffen, die nicht mit Kohlenwasserstoffen gefüllt ist. Im Bereich von Zwischengebirgs- und Nahtsenken werden die größten Lagerstätten in den am stärksten abgetauchten Teilen angetroffen, die in der Regel zu Aquatorien gehören (Cook Inlet, Bass-Straße).

Folglich kann mit Recht erwartet werden, daß innerhalb der Schelfe Senken des gleichen Typus erdöl- und erdgasführend sind, die es auch auf dem Festland sind (KALINKO 1964). Andererseits können die Senken nach ihrer Lage zum Schelf in drei Typen unterschieden werden:

1. Senken, von deren Gesamtfläche ein bedeutender Teil auf dem Festland und ein geringer auf dem Schelf liegt;

2. Senken, deren Hauptfläche auf dem Schelf liegt und nur ein peripherer Teil auf dem angrenzenden Festland;

3. Senken, die gänzlich auf dem Schelf liegen.

Im ersten Senkentyp sind Erdöl- und Erdgaslagerstätten sowohl auf dem Festland als auch im Meer vorhanden (z. B. in der Kura- und der Westturkmenischen Senke usw.). Im zweiten Fall werden im küstennahen Teil des Festlands nur unbedeutende Ansammlungen von Erdöl und Erdgas beobachtet, auf dem Schelf dagegen große Lagerstätten gefunden (Gippslandsenke, Nordseesenke an der Küste Englands usw.). Eine Erdöl-

und Erdgasführung des dritten Senkentyps ist bisher noch nicht festgestellt, offensichtlich, weil dieser nicht erkundet wurde. Nirgendwo in der Welt wurden bis jetzt Suchbohrungen in Senken dieses Typs durchgeführt.

Beim gegenwärtigen Stand der Bohrtechnik wurden Suchbohrungen nur in den Schelfbereichen der Becken durchgeführt. Doch zeigen die Ergebnisse geophysikalischer Untersuchungen, daß in einigen Aquatorien mit nachgewiesener Erdöl- und Erdgasführung, z. B. im Golf von Mexiko, Strukturen, mit denen auf dem Schelf Erdöl- und Erdgaslagerstätten verknüpft sind, auch auf dem Kontinentalhang und sogar im abyssischen Bereich entwickelt sind. Analoge Angaben wurden auch bei der Untersuchung anderer Wasserbecken erhalten. Im Atlantischen Ozean westlich von Afrika wurden neben vielen Diapiren auch normale Verwerfungen in der Sedimentdecke entdeckt. Im Mittelmeer konnten Faltungszonen, Gräben mit einer Breite bis zu Dutzenden von Kilometern und große Aufwölbungen sowie im Gebiet der Balearen wahrscheinlich Salzkuppeln festgestellt werden. Im Karibischen Meer wurden nahe der Mündung des Magdalenenstroms Diapirstrukturen festgestellt. In den Fällen, in denen der Kontinentalhang im Verlauf einiger geologischer Perioden stabil war, konnten sich auf ihm und an seiner Basis ausreichend mächtige Sedimentpakete akkumulieren. Wegen des durch die Neigung verursachten Auskeilens der Schichten bildeten sich hier große Fallen, in denen sich im Ablauf der Zeit Akkumulationen flüssiger und gasförmiger Kohlenwasserstoffe anhäufen konnten. Ähnliche Bedingungen existieren auch in der Basis der mittelozeanischen Schwelle und einzelner ozeanischer Erhebungen sowie in Tiefwasserrinnen, die durch ausreichend mächtige Sedimentkomplexe gefüllt sind.

Schließlich besteht Grund zu der Annahme, daß die ermittelten Tieflagen in Ozeanböden strukturelle Senken darstellen, weil die Morphologie des Bodens von Wasserbecken infolge unkompensierter Absenkungen die tektonische Natur einzelner Abschnitte des Bodens widerspiegelt. Während innerhalb der zentralen Teile dieser Senken eine ozeanische Kruste entwickelt ist und die Mächtigkeit der Sedimentpakete gering ist, sind in ihren peripheren Teilen in der Regel Sedimentpakete entwickelt, wodurch günstige Bedingungen für die Erdöl- und Erdgasakkumulation entstehen. Daher kann angenommen werden, daß auch andere periphere Teile solcher Senken für eine Erdöl- und Erdgasführung perspektivisch sind.

Der höhere Grad der Perspektivität für die Erdöl- und Erdgasführung in Aquatorien ist folglich dadurch bedingt, daß in ihnen nicht nur die gleichen strukturellen Anlagen wie auf dem Festland, sondern auch für Wasserbecken spezifische Anlagen, perspektivisch sind. Wird zusätzlich berücksichtigt, daß die Aquatorien mehr als 70,8% der Erdoberfläche einnehmen, so ist die Schlußfolgerung unausbleiblich, daß in ihrem Boden mehr Erdöl und Erdgas enthalten sein müssen als im Boden der Kontinente, worauf später eingegangen werden soll.

Erdöl- und erdgasperspektivische Aquatorien

Eine Analyse geologischer, geophysikalischer und bathimetrischer Daten ermöglicht, in erster Annäherung den Grad der Perspektivität verschiedener Aquatorien einzuschätzen (Abb.). In erster Linie ist die hohe Perspektivität von Binnengewässerbecken hervorzuheben, wie des Kaspischen Meeres, des Asowschen Meeres, des Schwarzen Meeres, des Aralsees, des Mittelmeers und anderer Meere, des Golfs von Mexiko usw. Die großen Perspektiven der Erdöl- und Erdgasführung ganzer Aquatorien bezeugen die Angaben über den Persischen Golf, in dem es nicht eine Strukturform gibt, die keine Erdöllager enthalten würde. Die gesamten geologischen Vorräte im Schoße dieses Aquatoriums können mit 14 Mrd. t Erdöl sowie 10000 Mrd. m^3 Erdgas eingeschätzt werden.

Von den ozeanischen Aquatorien hat das Nördliche Eismeer die größte Fläche mit hochperspektivischem Gebiet. Die hohe Perspektivität dieses Beckens wird erstens durch die Geschichte seiner geologischen Entwicklung bedingt, die seit dem Paläozoikum bis heute durch ununterbrochenes Absinken charakterisiert wird. Sie wird zweitens bedingt durch die bedeutende Ausbildung des Schelfs und drittens dadurch, daß gerade in dieses Becken Senken eintauchen, die zu den größten erdöl- und erdgas-führenden Zonen der Erde gehören, wie die Westsibirische Senke mit der größten Erdgaslagerstätte (Urengoj), ferner die Colville-Senke N-Alaskas, die nach den Vorräten eine unikale Erdöllagerstätte (Proudhoe-Bai mit 2,25 bis 4,5 Mrd. t) enthält. Perspektivisch in unterschiedlichem Maße ist der östliche periphere Teil des Atlantischen Ozeans. In ihn tauchen Senken verschiedenen Alters und verschiedenen Typs ein. Wie bereits bemerkt wurde, kann die Existenz von Lagern auch in dem peripheren Teil der Mittelatlantischen Schwelle erwartet werden, an deren Basis sich mächtige Sedimentpakete bildeten. Perspektivisch für Erdöl und Erdgas ist auch der westliche Rand dieses Ozeans, besonders in den Gebieten der Neufundlandbank, des Blake-Plateaus, der südamerikanischen Plattform und der Weddell-See. Erdöl- und Erdgaslagerstätten können auch an der Peripherie nichtkompensierter Senken des Karibischen Meeres erwartet werden, worauf die geologische Geschichte z. B. des Golfs von Venezuela hinweist. Aus den obenangeführten Gründen erscheint der östliche periphere Teil des Argentinischen und des Brasilianischen Kessels als möglicherweise perspektivisch.

In unterschiedlichem Grad perspektiv sind für eine Erdöl-Erdgasführung die Aquatorien der Randmeere des Stillen Ozeans. Darauf weisen bedeutende Erdöl- und Erdgasvorräte in dem am besten erkundeten Cook Inlet in Alaska und die Gebiete in der Umgebung von Kalifornien hin.

Offensichtlich ist unter der Wasserüberdeckung des Stillen Ozeans in dem bei Kalifornien liegenden Teil um ein Vielfaches mehr Erdöl enthalten als auf dem angrenzenden Festland, weil hier unter Wasser 13 Zwischengebirgssenken liegen, während es auf dem Land nur drei sind. Ebenso hoch perspektiv sind die Randmeere des westlichen Teils des Stillen Ozeans. Das wird durch die Angaben über die Bass-Straßen-Senke bewiesen, in der drei Erdöl- und zwei Öl- und Gaslagerstätten entdeckt wurden.

Wird die Tatsache berücksichtigt, daß Neuseeland und die Philippinen Antiklinalzonen eines alpidisch gefalteten Gebietes sind, so stellen die sie umgebenden Meere Zwischengebirgssenken dar, die bekanntlich in bezug auf eine Erdöl- und Erdgasführung äußerst höffig sind. Da sich dieser gefaltete Bereich bis in die Antarktis hinein fortsetzt, kann das Roßmeer als eine große Vorgebirgssenke gedeutet werden, die für Erdöl und Erdgas perspektivisch sein kann.

Einzelne Teile des Indischen Ozeans können ebenfalls in die Kategorie der für eine Erdöl- und Erdgasführung hochperspektivischen Aquatorien eingereiht werden: der Golf von Cambay, das Bengalische Meer, das Arabische Meer, die Straße von Mocambique usw. In einige von ihnen tauchen Senken mit nachgewiesener Erdöl- und Erdgasführung ein. An der Peripherie anderer sind Schlammvulkane entwickelt, die für fortdauernde Erdölbildungsprozesse und -akkumulationen zeugen. In verschiedenem Grade können Aquatorien als höffig betrachtet werden, die an der Peripherie solcher Depressionen liegen, wie des Maskarenen- und des Madagaskartiefs. Sie stellen tektonisch offensichtlich Randsenken der Madagaskarplattform dar. Hoch müssen die Perspektiven des Golfs von Mocambique eingeschätzt werden, eine innere Plattformsenke auf präkambrischer Basis. Die hohe Höffigkeit dieser Senke ergibt sich aus dem Vorhandensein von kleinen Erdöl- und Erdgasvorkommen und sogar von Erdöllagern in den peripheren Teilen der afrikanischen Küste (in Mocambique) und aus verschiedenen anderen Erscheinungen, wie der recht bedeutenden Akkumulation bituminöser Sande auf Madagaskar. Werden die seismischen Angaben berücksichtigt, die auf das Vorhandensein ziemlich mächtiger (bis 3 km) Abfolgen sedimentärer Gesteine im Gebiet der Seychellenbank hinweisen, so muß das Aquatorium nordöstlich der Insel Madagaskar zu den möglicherweise höffigen gerechnet werden.

Die Perspektiven für eine Erdöl- und Erdgasführung der Meere des Sunda-Archipels und der um Australien gelegenen Meeresteile können ebenfalls hoch eingeschätzt werden. Die hohe Perspektivität wird z. T. durch die Entdeckung von Erdgaslagerstätten in der Straße von Malakka, von Erdöllagerstätten an der Peripherie der nordaustralischen Depression sowie durch Schlammvulkane auf der Insel Timor bestätigt.

Erdöl- und Erdgaslagerstätten können an der Basis ozeanischer Schwellen und in den peripheren Teilen einiger Rinnen erwartet werden (Sunda-, Javagraben usw.). Perspektivisch erscheint auch ein Teil des Antarktischen Schelfs, der offenbar eine grabenförmige Senke ist.

Von uns durchgeführte Berechnungen ergaben, daß die gesamte Fläche der in unterschiedlichem Maße für eine Erdöl- und Erdgasführung perspektivischen Aquatorien 40 Mill. km² übersteigt. Außerdem sind mehr als 15 Mill. km² Aquatorien bekannt, deren Perspektivität wegen fehlender Untersuchungen z. Z. nicht bestimmt werden kann. Selbst wenn sich nur ein Drittel dieser Aquatorien als höffig erweist, so erreicht die Gesamtfläche der perspektiven Aquatorien der Erde 45 Mill. km². Zum Vergleich sei daran erinnert, daß die perspektivische Fläche der Territorien der Welt auf 30 Mill. km² geschätzt wird. Wenn angenommen wird, daß die Vorratsdichte von Erdöl und Erdgas innerhalb der Aquatorien dieselbe wie in analogen strukturellen Senken auf dem Festland ist, so betragen die geologischen Vorräte aller Aquatorien mehr als 1400 Mrd. t (Erdgas auf Erdöl umgerechnet). In Wirklichkeit besteht, wie bereits bemerkt wurde, alle Ursache, die Vorratsdichte von Erdöl und Erdgas in den Aquatorien höher einzuschätzen als in analogen Festlandkomplexen. Der Persische Golf, der Golf von Mexiko und der Golf von Suez beweisen das. Wir unterstellen dabei, daß auf dem Kontinentalhang und im Bereich des Kontinentalsockels die Vorratsdichte um eine Größenordnung niedriger ist. L. G. WEEKS schätzt nur in den Schelfgebieten die geologischen Vorräte von Erdöl und Erdgas auf 230 Mrd. t (von uns umgerechnet). Wird das Verhältnis der Flächen der Aquatorien verschiedener Tiefe berücksichtigt, so erscheint die obenangeführte Zahl nicht übertrieben. Nach unseren Berechnungen betragen die Anfangsvorräte an Erdöl und Erdgas in der Erdkruste 2600 Mrd. t (KALINKO 1964). Folglich liegen 54% aller Kohlenwasserstoffe, die in der Erdkruste enthalten sind, im Untergrund von Wasserbecken.

Methoden zur Suche und Förderung von Erdöl und Erdgas aus dem Untergrund von Wasserbecken

Am Beispiel der Entwicklung der Suche und Gewinnung von Erdöl und Erdgas aus dem Untergrund von Wasserbecken ebenso wie der Erschließung des Kosmos wird sichtbar, daß bei ausreichender Beharrlichkeit beliebige technische Schwierigkeiten überwunden werden können. Während z. B. zu Beginn die maximale Tiefe der Wasserbecken, in denen Erdöl und Erdgas gesucht wurde, einige bzw. einige Dutzend Meter betrug, erreichen jetzt die maximalen Tiefen einige hundert Meter und in allernächster Zukunft wahrscheinlich tausende Meter.

Zum Überfluß hat sich erwiesen, daß einige Sucharbeiten, wie aeromagnetische, seismische und andere Messungen, in Wasserbecken wesentlich schneller, billiger und besser als auf dem Festland durchgeführt werden können. So kann bei aeromagnetischen Arbeiten über Gewässern die Höhe der Flugrouten genauer eingehalten werden als über dem Festland. Bei seeseismischen Erkundungsarbeiten brauchen keine Sprengbohrungen abgeteuft, Personal und Ausrüstungen zum Profil hin und zurück transportiert, die notwendige Richtung des Profils genau eingehalten zu werden usw. Die geringen Kosten und die schnelle Durchführung geophysikalischer Arbeiten im Meer ermöglichten es z. B. Australien, in nur wenigen Jahren die Besonderheiten im Aufbau des gesamten Schelfs, der den Kontinent umgibt, zu untersuchen. Die Vermessung eines Territoriums dieser Abmessung hätte erheblich höhere Ausgaben und wahrscheinlich nicht weniger als zehn Jahre erfordert. Angaben über den geologischen Bau der oberen Teile des Untergrunds können mit Hilfe der Geolokation erhalten werden. Es existieren mehrere Anlagentypen zum Niederbringen von Bohrungen: stationäre (auf Gerüsten), auf ausfahrbaren Stützen und halbschwimmende. Mit ausfahrbaren Stützen können Bohrungen bei Beckentiefen bis 60 m niedergebracht werden. Halbschwimmende Anlagen gestatten das Niederbringen von Bohrungen in Wassertiefen bis zu 200 m. Das Abteufen von Bohrungen von Spezialschiffen aus ist hinsichtlich der Wassertiefe theoretisch unbegrenzt. Die Hauptschwierigkeit besteht hier darin, beim Gestängeeinbau den Bohrlochmund zu treffen und das Schiff in seiner Lage zu fixieren.

Für das zweite Problem ist bereits ein System der Schiffsbefestigung an 12 Ankern entwickelt worden, an denen das Schiff automatisch mit Hilfe von EDV-Anlagen gehalten wird. Außerdem werden verschiedene Apparaturen für die Arbeit von Tauchern und sogar Robotern am Bohrlochmund konstruiert. Der Einsatz letzterer ist, wie die Erfahrung zeigte, nur dort möglich, wo keine bedeutenden Schlammengen am Grunde vorhanden sind, weil sich sonst die Sicht sehr verschlechtert.

Gute Aussichten beim Unterwasserbohren hat eine von französischen Spezialisten entwickelte Methode unter Verwendung eines Schlauchkabels. Die maximale Teufe mariner Bohrungen unterscheidet sich von der maximalen Bohrlochtiefe auf dem Festland nicht wesentlich. Sie erreichte in Louisiana, USA, 6782 m.

Bedeutend größere Schwierigkeiten bereitet der Abbau der Lager unter Wasser. Zur Zeit ist das am häufigsten angewandte Verfahren die Schaffung von Basen jeweils für eine Gruppe von Fördersonden in Form eines Netzes von Pfahlgerüsten oder Dämmen. Jedoch sind diese Verfahren nur bei Becken von bestimmter Tiefe möglich. Außerdem fügen Hurrikane und Zyklone den über dem Wasser liegenden Anlagen großen Schaden zu. So betrug der von den Hurrikanen „Betsy" und „Hilda" in den Erdölbetrieben im Golf von Mexiko angerichtete Schaden rund 200 Mill. Dollar.

Offensichtlich wird ein schroffer Anstieg der Erdöl- und Erdgasgewinnung aus den Aquatorien erst erzielt werden, nachdem alle Einrichtungen unter den Wasserspiegel verlegt werden. Die ersten Schritte in dieser Richtung zeichnen sich bereits ab. Es wurde das Projekt für eine Unterwasserbasis einer Gruppe von Produktionsbohrungen ausgearbeitet. Dabei bilden die Bohrlochverrohrungen das Fundament. Arbeiten laufen auch zur Schaffung von Unterwasserbehältern für die Speicherung des Erdöls. Hierbei wird die Entnahme des Öls aus den Behältern durch Einlassen von Meerwasser erleichtert.

Die Untersuchung der dynamischen Entwicklung der Förderung von Erdöl und Erdgas in der Welt zeigt, daß in allernächster Zukunft die Förderung von Erdöl und Erdgas aus dem Untergrund von Wasserbecken eine bedeutende Höhe erreichen wird. Bereits jetzt werden bei einer Erdölförderung von insgesamt 1747 Mill. t und etwa 1000 Mrd. m^3 Erdgas in der Welt (1967) aus Aquatorien ca. 300 Mill. t oder 17% gewonnen. Dabei macht in einigen Ländern, wie Trinidad und Tobago, der Erdölanteil aus Meeres-Sonden etwa 40% aus. Fast alles in England gewonnene Naturgas stammt aus dem Untergrund der Nordsee. Möglicherweise erhält auch Norwegen bald derartiges Gas. Es besteht Grund zu der Behauptung, daß die Welterdölförderung bereits 1969 2 Mrd. t übersteigt und folglich aus dem Boden der Territorien insgesamt 29 Mrd. t gefördert sein werden. Infolgedessen nimmt der Anteil der Erdölvorräte im Untergrund der Aquatorien ständig zu. Zur Aufrechterhaltung des notwendigen Förderzuwachstempos muß die Erdölförderung aus den Aquatorien verstärkt werden. Berechnungen zeigen, daß bis 1987 mehr als die Hälfte des in der Welt gewonnenen Erdöls aus solchen Gebieten gefördert werden wird.

Dies alles erfordert gebieterisch die Verstärkung geologischer Untersuchungen des Untergrunds der Meere und Ozeane und die Klärung solcher Kardinalfragen, wie das Alter ozeanischer Senken, die Drift der Kontinente, die Natur der mittelozeanischen Schwellen und Erhebungen usw. Die Lösung dieser Fragen ist nicht nur vom wissenschaftlichen Standpunkt aus von großem Interesse, sondern hat auch für die Praxis der Such- und Erkundungsarbeiten gewaltige Bedeutung.

Bei Berücksichtigung der Spezifik und Kompliziertheit der Probleme, die für eine umfassendere Suche nach Erdöl und Erdgas im Untergrund verschiedener Wasserbecken gelöst werden müssen, ist es offensichtlich notwendig geworden, einen selbständigen Zweig der Erdöl- und Erdgasgeologie, „Erdöl- und Erdgasgeologie der Aquatorien", auszugliedern. Je schneller dies erfolgt, um so effektiver wird die Hilfe wissenschaftlicher Forschungen bei der Erschließung neuer Erdöl- und Erdgaslagerstätten in verschiedenen Aquatorien sein.

Zusammenfassung

Verf. handelt in gedrängter Übersicht die Perspektiven der Erdöl- und Erdgasführung in den Aquatorien der Erde ab. Fußend auf dem neuesten Stand der Entwicklung werden die einzelnen Fakten umrissen und aus ihnen verallgemeinernde Schlüsse gezogen. Diese gestatten eine zur Beurteilung der verschiedenartigen Situationen auf den Schelfen, an den Kontinentalhängen und innerhalb der ozeanischen Strukturen. Abschließend werden Methoden für die Suche und Gewinnung von Erdöl und Erdgas im Untergrund von Aquatorien skizziert.

Резюме

Автор дает краткий обзор перспектив нефтегазоносности акваторий мира. Основываясь на новейшем уровне развития вырисовываются отдельные факты и по ним делаются обобщенные выводы. Последние дают возможность оценить различные ситуации в пределах шельфов, континентальных склонов и океанических структур. В заключение рассматриваются методы поисков и добычи нефти и газа из недр акваторий.

Summary

The author briefly reviews the perspektives of oil and gas bearing water-covered areas of the earth. The individual facts are described in outline on the basis of the latest state of development and generalizing conclusions are drawn from them. These make it possible to evaluate the various situations existing on shelves, continental slopes, and within oceanic structures. Finally, methods of prospection for and production of oil and gas in the basement of water-covered basins are outlined.

Literatur

KALINKO, M. K.: Über die Methodik der Erdöl- und Erdgassuche in neuen Provinzen. — Sammelbd. Geologija i geochimija, 2, IV (1958).

— Der Erdölreichtum mariner Erdkrustenteile. — Priroda, Nr. 11 (1959).

— Erdöl- und erdgasführende Gewässer der Welt. — ZNIITENEFTEGAS (1964) [1964a].

— Hauptgesetzmäßigkeiten der Verteilung von Erdöl und Erdgas in der Erdkruste. — Isd. Nedra (1964) [1964b].

Zeitschrift für angewandte Geologie, Bd. 15 (1969), Heft 8

Über den Mechanismus der Erdölbildung

O. RADTSCHENKO, UdSSR

Nach den gegenwärtig verbreitetsten Anschauungen wird eigentlich nur der Lipidanteil der fossilisierten organischen Substanz als Erdölmuttermaterial angesehen. Die früher vielfach bestehenden Auffassungen, die humosen Stoffen und Eiweißkörpern eine wichtige Rolle in diesem Prozeß zuschrieben, finden heute kaum noch Anhänger.

Es werden drei mögliche Ursprungsquellen der Kohlenwasserstoffe des Erdöls angenommen: 1. Kohlenwasserstoffe, von den Mutterorganismen ererbt; 2. Kohlenwasserstoffe, die als Produkt einer biogenen Einwirkung auf sauerstoff- (vielleicht auch stickstoff-) führende Bestandteile der Bitumoide[1]) während der Frühdiagenesepcriode der Sedimente zu betrachten sind; 3. Kohlenwasserstoffe abiogener Entstehung aus der Lipidsubstanz (vorwiegend in polymerisierter Form im Kerogen der Gesteine anwesend), im Stadium der Katagenese gebildet.

Der ersten dieser Quellen ist unbedingt zuzustimmen, was durch die weitverbreitete Anwesenheit von Kohlenwasserstoffen in der Substanz von Lebewesen, auch in rezenten Sedimenten (GORSKAJA 1950; SMITH 1952) bewiesen wird.

Die zweite Quelle scheint auch keine Einwände zu erregen, da Kohlenwasserstoffentstehung durch biogene Einwirkung auf Grund der Methangärung, auch der Fichtelitbildung mittels Dekarboxylierung von Abietinsäure in Torflagern bestätigt wird.

Die Rolle der dritten Quelle erscheint durch tatsächliche Befunde weniger gesichert, doch ist ihr Anteil an der Erdölentstehung kaum zu bezweifeln. Als indirektes Anzeichen dafür darf die Anwesenheit von leichtsiedenden Fraktionen in Erdölen dienen, auch das Überwiegen von pentanaphthenischen Strukturen gegenüber hexanaphthenischen in deren Zusammensetzung und einige andere Merkmale, die für die organische Substanz der Lebewesen

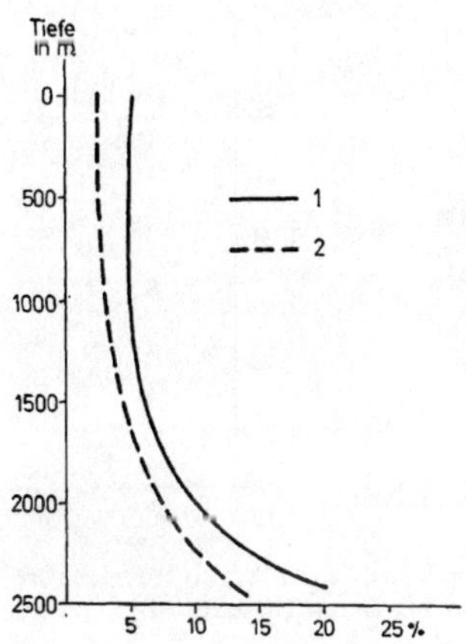

Abb. 2. Veränderung der Zusammensetzung der organischen Stoffe mit der Sedimentabsenkung (nach M. LOUIS)

1 – $\frac{\text{Bitumoide}}{C_{org.}}$,

2 – $\frac{\text{Kohlenwasserstoffe}}{C_{org.}}$

und der rezenten Sedimente keineswegs als typisch gelten dürfen. Das Problem der Kohlenwasserstoffbildung im Verlaufe des Inkohlungsprozesses der fossilisierten organischen Substanz wird neuerdings durch eine Reihe von Untersuchungen mehr und mehr aufgeklärt.

So haben E. ROGOSINA (1964), W. IWANTSOWA (1966) und A. SCHAPIRO gezeigt, daß der Kohlenwasserstoffanteil der flüchtigen Inkohlungsprodukte von dem genetischen Typus der organischen Substanz abhängt; als gasförmiger Kohlenwasserstoff tritt im Falle von humoser Substanz fast nur Methan auf, mit einer möglichen Beimengung von Äthan. Es werden dabei auch keine oder nur Spuren von leichtsiedenden flüssigen Kohlenwasserstoffen aufgefunden. Sapropelitische Substanz ist im Gegenteil durch Bildung von schweren gasförmigen Homologen des Methans sowie von einer ganzen Serie niedrigmolekularer flüssiger Kohlenwasserstoffe von C_4 bis C_{14} gekennzeichnet; die Menge dieser Produkte steigert sich vom höheren Braunkohlenstadium bis zum Gaskohlenstadium.

Es ist wohl anzunehmen, daß diese Kohlenwasserstoffe teilweise ihre Entstehung den Bitumoiden verdanken, doch deren Hauptanteil ist zweifellos mit der Kerogensubstanz verknüpft. Das wurde durch Bilanzberechnungen von E. ROGOSINA und W. USPENSKI bestätigt. Es entstehen auch höhersiedende flüssige und feste Kohlenwasserstoffe, die als Komponenten der Bitumoide fixiert werden.

Die Untersuchungen der organischen Substanz jungtertiärer Sedimente Kaliforniens durch G. T. PHILIPPI (1965) zeigen, daß der Anteil von Bitumoiden und speziell von Kohlenwasserstoffen in der organischen Substanz der Gesteine von gewissen Teufen an ansteigt und bei Teufen, die ungefähr Temperaturen von 100—120°C entsprechen, ein schroffes Maximum erreicht (Abb. 1). Diese Massenzunahme überschreitet bei weitem die Mengen, die

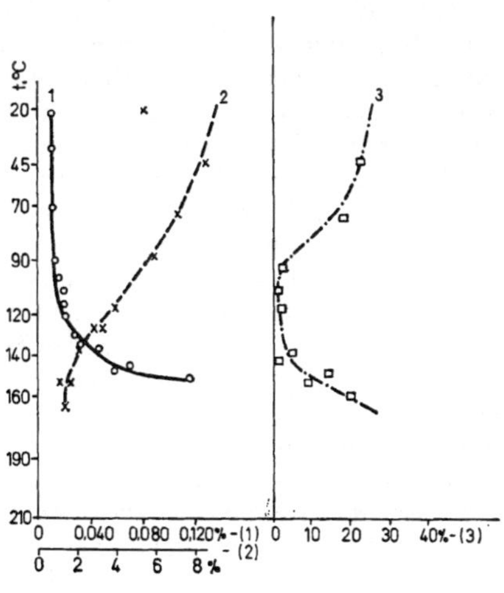

Abb. 1. Veränderung der Zusammensetzung der organischen Stoffe mit der Sedimentabsenkung (nach G. T. PHILIPPI)

1 – $\frac{\text{Kohlenwasserstoffe}}{C_{org.}}$, 2 – $\frac{C_{ungerade}}{C_{gerade}}$ der Paraffine,

3 – Naphtenindex (Gehalt an mono- und bizyklischen Naphthenen in der Fraktion der gesättigten Kohlenwasserstoffe)

Eingang des Manuskripts in der Redaktion: 27. 3. 1969.

[1]) In der UdSSR werden bituminöse Stoffe, die mittels Chloroform bzw. anderer analoger niedrigsiedender Lösungsmittel aus Gesteinen extrahierbar sind, üblicherweise „Bitumoide" genannt. Die Benennung „Bitumina" entspricht, dem ursprünglichen Sinne des Terminus gemäß, den Erdölen und ihren Naturderivaten (insgesamt bilden sie die Gruppe der Naphthide), auch ihren pyrogenen Analoga — den Naphthoiden —, die als Migrationsprodukte einer kontaktmetamorphen Einwirkung auf Kohlen oder kerogene Gesteine aufzufassen sind.

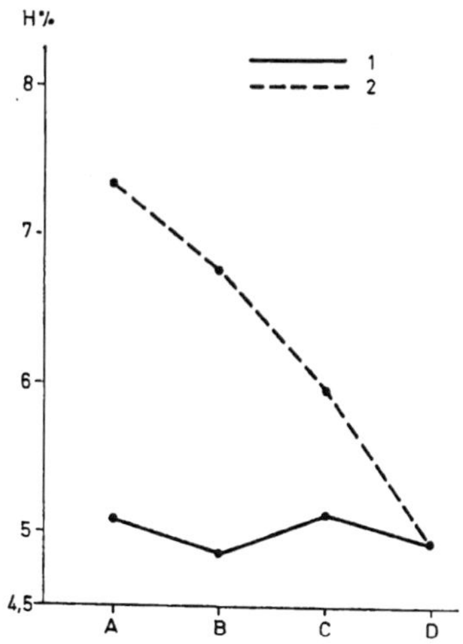

Abb. 3. Wasserstoffgehalt der Vitrinite und Exinite verschiedenen Inkohlungsgrades (nach C. KRÖGER)
1 — Vitrinit, 2 — Exinit,
A — Gasflammkohlenstadium, B — Gaskohlenstadium, C — Fettkohlenstadium, D — unteres Fettkohlenstadium

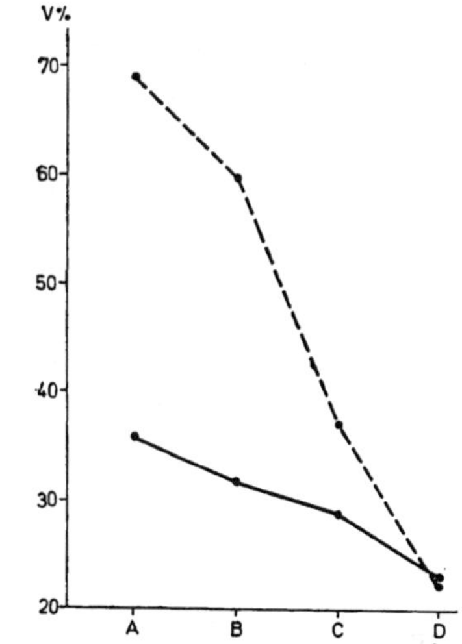

Abb. 4. Ausbeute an flüchtigen Bestandteilen der Vitrinite und Exinite verschiedenen Inkohlungsgrades (nach C. KRÖGER) (Legende siehe Abb. 3)

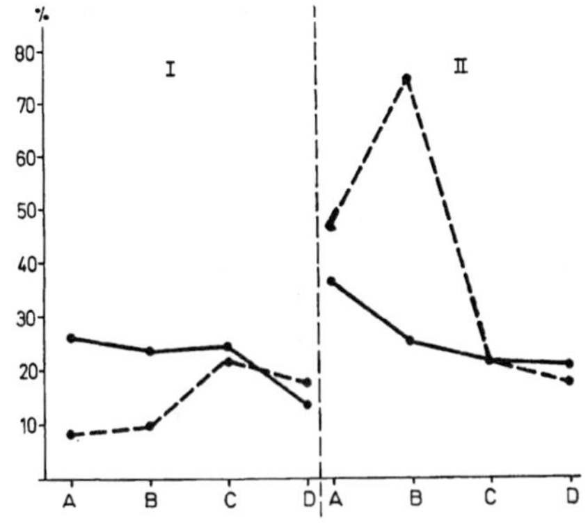

Abb. 5. Pyridinlöslichkeit der Vitrinite und Exinite verschiedenen Inkohlungsgrades (nach C. KRÖGER) (Legende siehe Abb. 3)

das Resultat einer Restanreicherung der Bitumoide bzw. ihrer Kohlenwasserstoff-Komponenten sein könnten. Es ist zu betonen, daß die entsprechenden Teufen in den untersuchten Erdölgebieten von Los Angeles und Ventura nicht die gleichen sind, daß jedoch deren Temperaturen (in vollem Einklang mit den unterschiedlichen tektonischen Verhältnissen dieser Gebiete, unterschiedliche geothermische Gradienten bedingend) gleiche Grenzwerte aufweisen.

Der intensiven Neubildung von Kohlenwasserstoffen entspricht auch eine Änderung in der Struktur und Zusammensetzung, die sich denjenigen der Erdöle nähern.

Ähnliche Ergebnisse erzielte M. LOUIS (1966) auf Grund von Untersuchungen der bituminösen Substanzen der mesozoischen Papierschiefer des Pariser Beckens (Abb. 2).

Auch H. JACOB (1966) schildert eine sich sprunghaft äußernde Periode, die durch eine Ähnlichkeit der Benzinextrakte von Kohlen und Gesteinen, die disperse organische Substanz enthalten, mit Erdöl gekennzeichnet ist. Diese Periode, die H. JACOB als „Bituminierungssprung" bezeichnet, entspricht bei den Humuskohlen dem frühen Steinkohlenstadium, bei der dispersen Substanz aber dem der Hartbraunkohlen. Die Untersuchungen JACOBs umfassen 160, nach Inkohlungsgrad und genetischem Typus verschiedene Objekte. Die geschilderten Ergebnisse deuten darauf hin, daß die fossilisierte organische Substanz im Laufe des fortschreitenden Absinkens der Sedimente ein Stadium erreicht, das durch intensive Neubildung von Kohlenwasserstoffen und durch eine deutlich ausgesprochene Veränderung von deren Beschaffenheit gekennzeichnet ist.

Es liegt nahe, diese Periode als eine der Hauptphasen der Erdölbildung zu betrachten und auf sie eine weitgehende Auflösung der Kerogensubstanz zurückzuführen.

Dies steht auch im Einklang mit der Tatsache, daß bisher Funde von Ölschiefern oder Sapropelkohlen höheren Grades als dem der Fettkohlen fehlen. Diese Tatsache ist an und für sich rätselhaft, denn „sapropelitische Fazies" dürften gewiß viel weiter verbreitet sein als „Humusfazies"; ihr Ursprung soll darüber hinaus größeren Alters sein. Was sollte wohl auch die Ursache der Abwesenheit von hochinkohlter sapropelitischer Substanz sein? Liegt es nicht auf der Hand, sie als thermisch weniger stabil als die Humussubstanz aufzufassen?

Eine zufriedenstellende Klärung dieses Problems sollte auf Untersuchung und Unterscheidung zweier paralleler Inkohlungsserien von Gesteinen, den humosen und den sapropelitischen Fazies entsprechend, fußen. Es ist aber aus dem oben Dargelegten zu entnehmen, daß der Ausbildung der sapropelitischen Serie Schwierigkeiten im Wege liegen dürften. So wurde ein indirekter Modus der vergleichenden Untersuchung gewählt.

Es ist allgemein bekannt, daß Humuskohlen außer sicher humosen Komponenten, zu denen Vitrinit und Fusinit gehören, auch Mikrokomponenten lipoider Herkunft enthalten, nämlich Exinit, Kutinit, Resinit usw. In der UdSSR werden diese insgesamt als „lipoide Mikrokomponenten" oder als „Liptinit" bezeichnet. Ihrer chemischen Beschaffenheit nach stehen sie den Sapropellipiden nahe, was durch einen erhöhten Anteil an Wasserstoff, erhöhte Ausbeute an flüchtigen Bestandteilen und weitere ähnliche Eigenschaften gekennzeichnet ist (eventuell fallen entsprechende Kenngrößen bei der Sapropelsubstanz merklich höher als bei den Lipoidkörpern der Humuskohlen aus, was auf eine schärfer ausgesprochene aliphatische Struktur der ersteren deutet).

So kann man die Lipoidkörper der Humuskohlen, da letztere leicht in eine metamorphe Serie einzureihen sind, als Vergleichsmodell für die sapropelitische Substanz benutzen.

Die Untersuchungen, die C. KRÖGER samt Mitarbeitern (1956, 1957, 1960) an einer Reihe von Vitrinit- und Exinitkonzentraten hohen Reinheitsgrades von vier Ruhrkohlen verschiedenen Inkohlungsgrades (von Gasflamm- bis untere Fettkohle) entstammend ausgeführt hat, erlauben, die parallelverlaufenden Inkohlungsveränderungen dieser Mikrokomponente zu verfolgen. Die Abb. 3 bis 7, den Hauptparametern der Kohlenanalyse entsprechend, illustrieren eine weitgehende Diskrepanz der chemisch-physikalischen Eigenschaften der untersuchten Mikrokomponenten bis zum Fettkohlenstadium, wo sie sich sehr nahe kommen; im unteren Fettkohlenstadium verschwinden die unterschiedlichen Merkmale wieder. Bemerkenswert ist Abb. 6, deren Angaben auf eine Identität der Molekularstruktur des Vitrinits und des Exinits in diesem Stadium deuten. Interessant ist auch die Abb. 5. Es läßt sich vermuten, daß der Anstieg der Pyridinlöslichkeit, den die Exinite des Gasflammkohlenstadiums und des Gaskohlenstadiums nach Vorerhitzung aufweisen, durch eine Depolymerisierung der in ihnen vorhandenen Lipoidsubstanz zu erklären ist. Das erwähnte Phänomen ist bei den vorerhitzten Exiniten der Fett- und unteren Fettkohlenstadien nicht mehr zu beobachten; offenbar ist ihre Substanz nicht depolymerisierbar.

Die Untersuchungen des Reflexionsvermögens, durch M. TEICHMÜLLER (1958) und L. SARBEJEWA (1968) durchgeführt, erstrecken sich auf ausgedehntere Serien als diejenigen C. KRÖGERs (Abb. 7). Sie weisen geringe Unterschiede zwischen den Vitriten und den Exiniten auch im Anthrazitstadium auf, was auf eine Erhaltung etwaiger Struktureigenheiten der hochinkohlten Exinite, die bei Anwendung von üblichen chemisch-physikalischen Untersuchungsmethoden der Feststellung entgehen, deutet.

Die Veränderung der Lipoidanteile von Humuskohlen im Laufe der Inkohlung ist schon lange erkannt worden. K. PATTEISKY (1925, 1953) nennt die Periode, die dem Verlust ihrer spezifischen Eigenschaften entspricht, „Inkohlungssprung". K. PATTEISKY sieht zwar die Merkmale der kritischen Umwandlungsperiode nur im Lipoidanteil der Humuskohlen, tatsächlich erleidet jedoch eine beliebige fossilisierte organische Substanz im Verlaufe einer geochemischen Lebensgeschichte analoge kritische Phasen. Jedoch sind die resultierenden Produkte einander ungleich, den Strukturverschiedenheiten der betreffenden Substanzen entsprechend.

Die molekulare Struktur der humosen (im strengen Sinne dieses Begriffs) Substanz ist durch einen polyzyklischen kondensierten Kern, behaftet mit Seitenketten und -gruppen (Carboxyle, Hydroxyle, Carbonyle, Methoxyle, auch kurze Alkylketten) charakterisiert. Sapropelitische Substanz weist vorwiegend aliphatische Strukturelemente auf, die Alkylketten sind von bedeutend größerer Länge und figurieren mindestens teilweise in heterozyklischer, durch Sauerstoff geschlossener Form; aromatische Ringe, wenn anwesend, spielen eine untergeordnete Rolle.

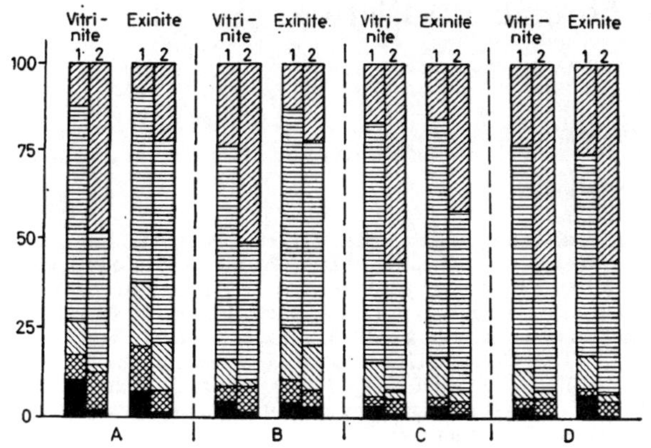

Abb. 6. Zusammensetzung der Verkokungsgase von Vitriniten und Exiniten verschiedenen Inkohlungsgrades (nach C. KRÖGER) (Legende siehe Abb. 3)
1 – die Fraktion der Gase bis 200° C, 2 – die Fraktion von 200°–800° C

Die frühen Inkohlungsetappen werden durch Entbindung von flüchtigen Produkten (CO_2, H_2O, NH_3, H_2S, Kohlenwasserstoffe, s. W. USPENSKI 1954), die vorwiegend den Seitenketten und -gruppen der Moleküle entstammen, gekennzeichnet. Humose Substanzen ergeben dabei Methan, sapropelitische Methan samt allen seinen gasförmigen Homologen.

Bei Erreichung eines gewissen Temperaturbereichs soll es zur Abschwächung und Auflösung der inter- und intramolekularen Bindungen, die durch heteroatomare (meist Sauerstoff-) Brücken dargestellt sind, kommen.

Diese Phase entspricht gewiß einer mehr oder weniger ausgedehnten geologischen Periode, weil die Größe und die Beschaffenheit der Struktureinheiten, sogar bei Stoffen ein und desselben genetischen Typus, wohl nicht völlig identisch sein können.

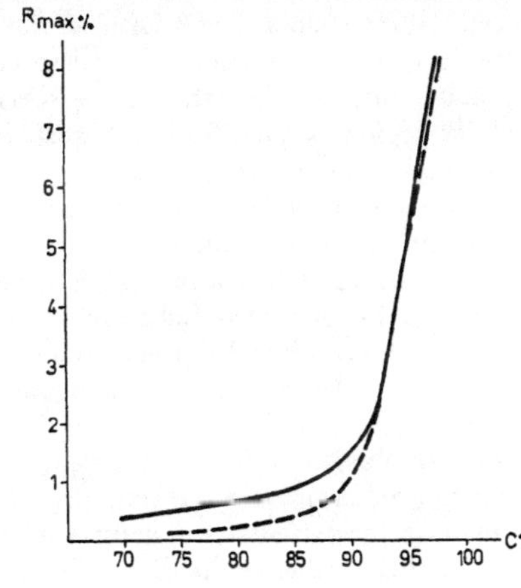

Abb. 7. Das Reflexionsvermögen von Vitriniten und Exiniten verschiedenen Inkohlungsgrades (nach L. SARBEJEWA & N. KRYLOWA) (Legende siehe Abb. 3)

Die Auflösung der heteroatomaren Brücken führt im Falle von humosen Substanzen zur Bildung von überwiegend mobilen Einheiten mit ungesättigten Kohlenstoffvalenzen (GAWRILOWA 1962, VAN KREVELEN 1963). Darin liegt die Erklärung für ihre Schmelzeigenschaften bei der Verkokung von Fett- und Kokskohlen und ihrer erhöhten Löslichkeit in spezifischen Lösungsmitteln. Ferner reagieren die ungesättigten Valenzen untereinander, wobei starre kondensierte Systeme entstehen. Weitere Inkohlungsumwandlungen der humosen Substanz führen zu einer fortschreitenden Kondensation und Ordnungsregelung der molekularen Struktur bis zur Erreichung der Graphitgitterstruktur.

Die Auflösung der Strukturbindungen ergibt bei sapropelitischen Substanzen prinzipiell andere Resultate. Es werden die Polymerlipide depolymerisiert (analog dem in Abb. 5 dargestellten Prozeß). Es soll darauf hingewiesen werden, daß der Begriff „Depolymerisation" hier chemisch nicht allzu streng aufgefaßt werden darf. Der dargelegte Prozeß (wie übrigens auch der Prozeß der „Lipidpolymerisation", während der Periode der Sedimentation und der Frühdiagenese verlaufend) wird nämlich von Destruktions- und Isomerisationsreaktionen begleitet. Es werden große Mengen von flüchtigen Produkten freigesetzt, deren Kohlenwasserstoffanteil, der variablen Länge der aliphatischen Ketten gemäß, einer ganzen Reihe von gasförmigen, flüssigen und festen Methanhomologen entspricht; zyklische Kohlenwasserstoffe geringeren Molekulargewichts sind auch in untergeordneten Mengen vorhanden.

Es ist wahrscheinlich, daß die Polymerlipide nicht plötzlich, sprunghaft gesprengt werden, sondern zunächst eine stufenweise Abtrennung einzelner Glieder der Polymermoleküle erleiden, und zwar bis auf die letzte Hauptphase.

Der geschilderte Prozeß dürfte durch einen größeren Massenverlust an organischer Substanz verglichen mit Humuskohlen gekennzeichnet sein.

Der Überrest an Kerogen ist offenbar nicht mehr depolymerisierbar. Er wird vorwiegend aus genetisch mit Kohlehydraten und Eiweißstoffen der Muttersubstanz verbundenen Melanoidinprodukten bestehen, eventuell auch kleinere Mengen an irreversibel festpolymerisierten Polymerlipiden enthalten.

Auf Grund der hier skizzierten Anschauungen dürfte die Abwesenheit von hochinkohlten Ölschiefern und Sapropelitkohlen nicht mehr rätselhaft erscheinen, da, wie gesagt, der Lipidanteil der Sapropelsubstanz nahezu als aufgelöst und vom Muttergestein ausgewandert zu betrachten ist, der Überrest aber von der humosen Substanz kaum mehr zu unterscheiden ist.

Es wird auch zu verstehen sein, daß Sedimente, die heute recht arm an organischer Substanz erscheinen, in der Vergangenheit als Erdölmuttergesteine auftreten konnten; denn eben der Akt der Erdölabgabe hat ihre Verarmung an organischer Substanz bedingt.

Die erheblichen Massen an flüchtigen, gasförmigen und leichtsiedenden Produkten, die während der Hauptperiode der Kohlenwasserstoffentstehung entbunden werden und die eine harmonische, einheitliche Reihe mit den darauffolgenden schweren Kohlenwasserstoffen bilden, sind als ein migrationsfähiges stabiles System aufzufassen.

Den flüchtigen Inkohlungsprodukten der reinen Humussubstanz fehlen dagegen die Mittelglieder zwischen Methan und Bitumoidkohlenwasserstoffen; letztere weisen obendrein eine den gasförmigen Kohlenwasserstoffen fremde, vorwiegend kondensierte zyklische Struktur auf, so daß die Entstehung eines einheitlichen Systems nicht denkbar erscheint. Der Lipoidanteil der Humuskohlen darf wohl als mögliche Erdölmuttersubstanz aufgefaßt werden, doch ist er meist in Mengen vorhanden, die kaum zur Entstehung von Erdöllagerstätten geführt haben werden. Es erscheint jedoch durchaus nicht unmöglich, daß die manchmal in Kohlenbecken auftretenden mineralogischen Erdölfunde ihrer Genese nach mit den Kohlenlipoiden verknüpft sind.

Literatur

Gawrilowa, O. I.: Veränderungen der chemischen Eigenschaften von Vitriniten und Fusiniten der metamorphischen Reihe der Donezkohlen. – Trudy Laboratorii uglia Akad. Wiss. UdSSR, Bd. 16 (1962).

Gorskaja, A. I.: Untersuchungen der organischen Substanz rezenter Sedimente. Kapitel in der Monographie „Rezente Analoga der erdölführenden Gesteine". – Moskau 1950.

Iwantsowa, W. W.: Über die Zusammensetzung und die Verteilung von niedrigsiedenden Kohlenwasserstoffen in den mesozoischen Ablagerungen von Westsibirien. – Geologia i Geophysika, 5 (1966).

Jacob, H.: Komplexuntersuchung zur Frage des Bituminierungsprozesses in Sedimenten. Advances in Organic Geochemistry. – Earth Sciences, vol. 24 (1966).

Krevelen, D. W. van: Geochemistry of coal. Organic Geochemistry. – Earth Sciences, vol. 16 (1963).

Kröger, C.: Die physikalischen und chemischen Eigenschaften der Steinkohlengefügebestandteile (Macerale). – Brennstoff-Chemie, Bd. 37, II/12 (1956); 5/6 und 7/8 (1957).
– Die Steinkohlenextraktion. – Erdöl und Kohle, 12 (1956), 9 (1960).

Louis, M.: Etudes géochimiques sur les „schistes-cartons" du Toarcien du bassin de Paris. – Adv. Org. Géochem., vol. 24 (1966).

Patteisky, K.: Die Veränderungen der Steinkohlen beim Ablauf der Inkohlung. – Brennstoff-Chemie, Bd. 34, 5/6 (1953).

Patteisky, K., & F. Perjatel: Die Steinkohle als Ergebnis ihres Ursprungsstoffes und des Grades seiner Inkohlung. – Glückauf, 50 (1925).

Philippi, G. T.: On the Depth, Time and Mechanism of Petroleum Generation. – Geochim. et Cosmochim. Acta, vol. 29, 9 (1965).

Rogosina, E. A.: Zur Frage über die Gasphase der fossilisierten organischen Substanz. – Geologia nefti i gasa, II (1964).

Sarbejewa, L. I., & N. M. Krylowa: Das Reflexionsvermögen der Kohlenmikrokomponente. – In: „Woprosy metamorphisma uglei i epigenesa wmestschajustschich porod", Leningrad 1968.

Smith, P. W.: Preliminary Note on Origin of Petroleum. – Bull. Amer. Ass. Petr. Geol., vol. 36, 2 (1952).

Teichmüller, M.: Métamorphisme du charbon et prospection du pétrole. – Rev. Ind. Minér., Numéro spécial, 15 Juillet 1958.

Uspenski, W. A.: Über die materielle Bilanz der Inkohlungsprozesse. – Iswestija Akad. Nauk SSSR, seria geologii, 6 (1954).

Zur Kenntnis des sedimentären Fluorits im Plattendolomit von Caaschwitz, Bezirk Gera

(Mitteilung aus dem Zentralen Geologischen Institut, Berlin)

Peter Krüger, Berlin, & Waltraud Ossenkopf, Freiberg (Sa.)

1. Einleitung

In den letzten Jahren wurden in verschiedenen Ländern mehrere, teilweise industriell genutzte Vorkommen von sedimentärem Fluorit entdeckt. Damit rückt dieses meist in Dolomiten liegende Mineral, sein Bildungsmechanismus sowie überhaupt die Frage der Geochemie des Fluors im sedimentären Bereich wieder in das Blickfeld der Geologen und Geochemiker. Die vorliegende Arbeit will einige neue Erkenntnisse über Lagerung und Umlagerung des sedimentären Fluorits von Caaschwitz vermitteln, die nach den ersten Beschreibungen (P. Krüger 1962a, b) gewonnen wurden. Dabei konnte auf Unterlagen des ehem. Instituts für Mineralogie und Lagerstättenlehre der Bergakademie Freiberg zurückgegriffen werden. Gleichzeitig wurde die internationale Literatur ausgewertet und wurden weitere Beiträge zur Geochemie des Fluors im sedimentären Bereich gesammelt. Wir möchten an dieser Stelle Herrn Prof. Dr. rer. nat. habil. H. J. Rösler, Herrn Prof. Dr. rer. nat. habil. W. Hoppe, Herrn Dr. habil. T. Kaemmel und Dr. H. Ungethüm für ihre Unterstützung, Hinweise und interessanten Diskussionen herzlich danken.

Eingang des Manuskripts in der Redaktion: 22. 4. 1969

2. Sedimentärer Fluorit in Karbonaten

Die bedeutendsten Vorkommen von sedimentärem Fluorit liegen in Karbonaten, meist in Dolomiten. Eine gedrängte Zusammenstellung bringt Tab. 1.

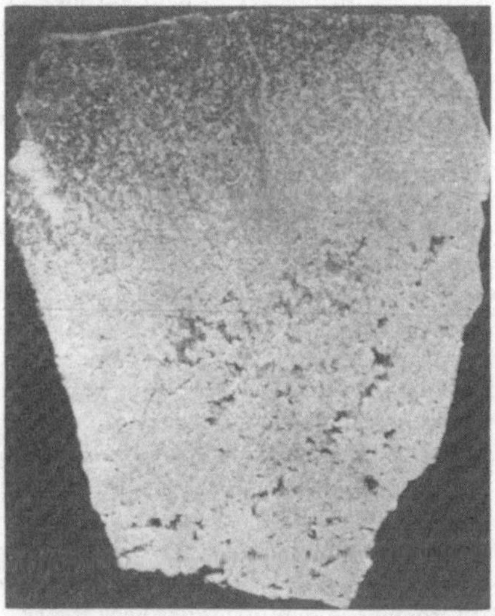

Abb. 1. Zunahme des Fluoritgehalts (dunkelgrau, links oben) im Dolomit (hell). In den Kavernen (untere Hälfte) umgelagerter violetter Fluorit
Aus der unteren Randpartie einer Fluoritlinse

Caaschwitz, angeschliffenes Handstück, Höhe 5,5 cm

Die ihrer Genese nach noch umstrittenen, aber größten Fluoritvorkommen in Karbonaten aus dem „Cave-in-Rock"-Distrikt, USA, wurden hierbei unberücksichtigt gelassen. Sicher sedimentäre Bildungen beschreiben Kasakow & Sokolowa (1957), Correns (1957), Gruszczyk (1962), Panow (1962, 1964, 1965), Koritnig (1963), Krasilnikowa (1963), Weidner (1963), Amstutz u. a. (1964), Puchelt & Müller (1964), Guljajewa & Sacharowa (1965), Showinskij (1965), Thomaser (1966), Werner (1966), Soule de Lafont (1967), Popow (1967). Von diesen Arbeiten sei die sehr ausführliche von Panow (1965) hervorgehoben.

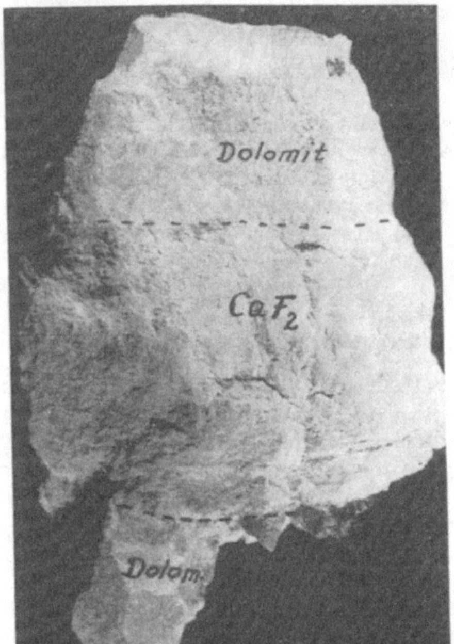

Abb. 2. Im Dolomit (hell) liegt eine fluorithaltige Schicht (mit 50% CaF_2, grau, Mitte). Aus dieser Schicht führen Spalten in einen Auslaugungshohlraum. Die Spalte ist mit umgelagertem Fluorit gefüllt, an der Oberseite des Hohlraumes ein großer Würfel von violettem Fluorit (dunkel, unten rechts)

Caaschwitz, Handstück, Höhe 13 cm

Eine ausführliche Darstellung der Fluorit- und Sellaitführung in den Dolomitsedimenten des Zechsteins der DDR bringt Thomaser (1966). Fluorit findet sich danach sowohl in der Becken- als auch in der Randfazies und tritt sowohl in fossilarmen als auch fossilfreien Sedimenten auf. Interessant sind die Wechselbeziehungen zwischen Fluorit und Sellait (MgF_2), beide Minerale schließen sich im allgemeinen aus (Thomaser 1966). Die Abhängigkeit von der Ca-Konzentration der Lösung ist hier klar zu erkennen. Die höchsten Fluorkonzentrationen wurden in der Bohrung Langensalza 13 gefunden. Teilweise über 50% des Gesamtgesteins im Hauptdolomit dieser Bohrung werden von Fluorit gebildet. Dieses Vorkommen ähnelt bereits dem von Caaschwitz weitgehend.

Abb. 3. Teil einer Fluoritlinse (ca. 95% CaF_2) aus dem „Runkelhorizont". Im rechten oberen Teil ist der Außenrand der Linse zu erkennen.

Caaschwitz, Handstück, Höhe 12,5 cm, Länge 20 cm

Tab. 1. Fluorgehalte in karbonatischen Sedimenten

Gestein	% F im Mittel	Anzahl der Proben	Autor
Kalke und Dolomite des Unterkarbons (Donbass)	0.012	15	Panow (1965)
Kalke des Oberkarbons, Unter- und Mittelperms (Kasaner Gebiet)	0.023	9	Danilowa (1949)
Kalke und Dolomite des Zechsteins (Westdeutschland)	0.019	9	Correns (1957)
Kalke des Karbons (Japan)	0.005	30	Correns (1957)
Kalke, Unterkarbon (Visé) (Donbass)	0.023	n.b.	Panow (1965)
Kalke, Unterperm (Donbass)	0.020	n.b.	Panow (1965)
Plattendolomit Ca 3 d (DDR)	0.019	1	Werner (1966)
Plattendolomit Ca 3 d (DDR)	0.018	n.b.	Schütze (1963)
Plattendolomit Ca 3 d (DDR)	0,12	85	Schütze (1965)
„Runkelhorizont" des Plattendolomits Ca 3 d (DDR)	2,47	n.b.	Schütze (1965)

3. Das Vorkommen von Caaschwitz, Bez. Gera

Beschreibung des Vorkommens

Die Fluoritmineralisation liegt in Form von Linsen und Schichten im Plattendolomit (Z 3d). Bei diesem handelt es sich um fein- bis mittelkörnige, schwach bituminöse, horizontbeständige Dolomite der lagunären Randfazies. Seine Mächtigkeit beträgt ca. 19 m. Die fluoritführende Zone ist 3 bis 4 m mächtig und liegt ca. 3 m unterhalb der Grenze Plattendolomit (Z 3d) gegen Obere Letten (Z 4t).

Der sedimentäre Fluorit ist in feuchtem Zustand schwarz bis dunkelgrau gefärbt, bleicht aber an der Luft schnell aus. Er besteht aus regellos, nur selten schichtig angeordneten, xenomorphen Körnern von 85—355 μm Durchmesser. Die dunkle Färbung rührt von einem die einzelnen Körner umgebenden Bitumenhäutchen von 0,n μm Dicke her. Die enge Bindung des Fluorits an die organische Komponente des Sediments betonen ebenfalls TAUPITZ (1954/1955), KRASILNIKOWA (1963), THOMASER (1966), SCHNEIDER (1964), PANOW (1962). Die Fluoritkörner sind in einer unterschiedlich dicken Dolomitmatrix eingebettet (Abb. 1). Größere Fluoritpartien machen einen mürben, sandsteinartigen Eindruck, der sich in trockenem Zustand farblich nur wenig vom Dolomit unterscheidet (Abb. 2). Die kompakten Fluoritlinsen bestehen aus grobspätigem Fluorit. Der primäre Dolomitgehalt ist z. T. entmischt und bildet cm-große Knollen im Fluorit (Abb. 3).

Umlagerung von Fluorit

Neben dem grauen Fluorit beobachtet man in Caaschwitz häufig violette, meist gutausgebildete Fluoritkristalle (EISEL 1903; KRÜGER 1962). Sie sitzen meist

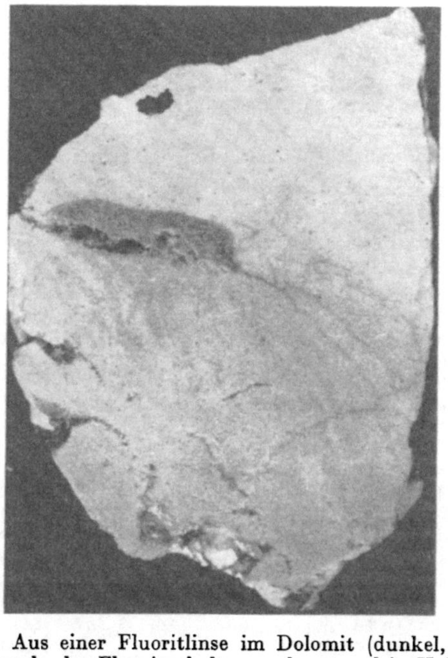

Abb. 4. Aus einer Fluoritlinse im Dolomit (dunkel, links oben) wurde der Fluoritgehalt ausgelaugt und in Hohlräumen wieder ausgefällt (violette Kristalle, CaF_2). Die mittransportierten Bitumina (in Abb. graue Streifen im Dolomit) fixieren den Weg der mobilisierenden Lösung.
Caaschwitz, angeschliffenes Handstück, Höhe 5 cm

Tab. 2. Typanalysen sedimentärer Fluorite (Gew.-%)

Ca	F	Summe	Autor
53,43	47,8	101,23	KRÜGER (1962a)
51,25	48,7	91,95	KRASILNIKOWA (1963)
50,50	46,9	97,10	PANOW (1965)

auf mm-breiten Klüften und in Auslaugungshohlräumen des „Runkelhorizontes". Es handelt sich hierbei um Umlagerungen (Abb. 2, rechts unten). Die mit dem sedimentären Fluorit syngenetisch ausgeschiedenen, dunkelgefärbten Bitumina haben bei der Mobilisierung und Auslaugung des Fluorits auf den Intergranularen des Dolomits deutlich sichtbare Auslaugungsbahnen hinterlassen (Abb. 4). An den Endpunkten der Auslaugungsbahnen finden sich die obenbeschriebenen violetten Kristalle.

Bei der Umlagerung des sedimentären Fluorits verliert dieser zunächst die bräunliche oder graue Färbung, die durch Bitumen- und Dolomithäutchen hervorgerufen wird (Abb. 5). Die einzelnen Fluoritkörner werden farblos. Kristallflächen werden angedeutet, wobei noch unklar ist, ob es sich um Lösungs- oder schon um Wachstumserscheinungen handelt. Mit zunehmendem Wachstum nehmen die äußeren Kristalle (besonders in Hohlräumen) violette Färbung an. Große Kristalle zeigen Zonarbau. Dabei ist der innere Kern hellviolett, der äußere Rand dunkelviolett gefärbt. Im Prinzip die gleichen Erscheinungen beschreiben aus Sedimenten MARTINSON (1955), KRASILNIKOWA (1963), WEIDNER (1963), PANOW (1965), SCHNEIDER (1964), PARENT & PARENT-VAAST (1961), GULJAJEWA & SACHAROWA (1965), THOMASER (1966), WALTER & GUROWA (1966). PANOW (1964) zitiert SCHAFRANOWSKIJ, wonach Würfel typisch seien für die Bildungen aus alkalischem, Oktaeder dagegen aus saurem Medium.

Im Vorkommen Caaschwitz treten an den umgelagerten Fluoritkristallen nur die Kristallflächen (100) (Würfel) und (111) (Oktaeder) auf. Die größten violetten Würfel erreichen Kantenlängen bis zu 2 cm. Auf Trümern im sedimentären Fluorit bilden oft die äußersten, xenomorphen Körner die Wachstumszentren der violetten Fluoritkristalle.

Chemische Untersuchungen des Vorkommens

SCHÜTZE (1963, 1965) führte chemische Untersuchungen des Dolomits von Caaschwitz durch. Er fand für den angeschnittenen Teil des Vorkommens (Platten- und Übergangshorizont) einen Untergrundgehalt von 0,018% F (gewogenes Mittel). C. D. WERNER (1966) gibt 0,019% F an. Analysen von SCHÜTZE an 85 Handstückproben ergaben für den gesamten Dolomithorizont einen F-Gehalt von 0,12%. Für den ca. 3—4 m mächtigen, fluoritführenden Teil des Dolomits (sog. „Runkelhorizont") erhöht sich das gewogene Mittel auf 2,47% F. SCHÜTZE gibt den statistisch ermittelten geochemischen Untergrund für Fluor mit 0,03% F an. Fluorkonzentrationen von 0,1% F sind bereits erhöhte Werte, die eine Fluoritführung anzeigen (SCHÜTZE 1965).

Kristallchemie des sedimentären Fluorits

Die chemische Zusammensetzung des primär-sedimentären Fluorits bringt Tab. 2. Zum Vergleich dienen

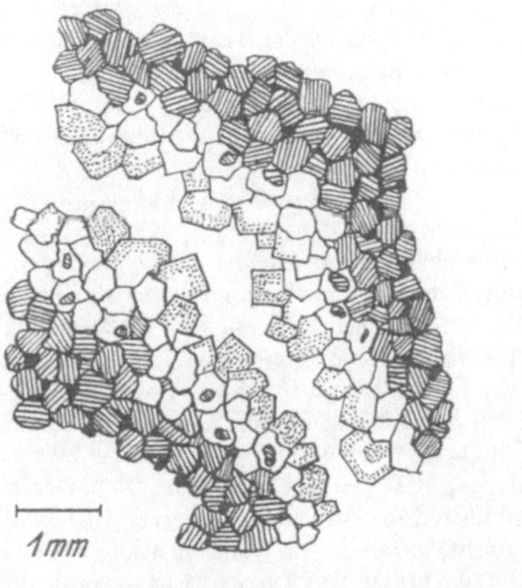

Abb. 5. Schematischer Querschnitt durch eine Spalte im sedimentären Fluorit, die mit umgelagertem, violettem Fluorit ausgefüllt ist

Schwarz: Dolomit; gestrichelt: sedimentärer Fluorit; weiß: farbloser umgelagerter Fluorit; punktiert: violetter umgelagerter Fluorit

zwei Analysen aus sicher sedimentärem CaF_2 in Dolomiten.

Der sedimentäre Fluorit und benachbarte Partien des Nebengesteins wurden spektralanalytisch untersucht.

Die Spektralaufnahmen wurden mit dem Zeiss-Quarzspektrographen Q 24 im ehemaligen Institut für Mineralogie und Lagerstättenlehre der Bergakademie Freiberg ausgeführt. Ba und Sr wurden zusätzlich mit dem Dreiprismenspektrographen FD-S von den Rathenower Optischen Werken bestimmt. Quantitativ wurden Sn, Sr, Be und Pb ausgewertet. Die Elemente Ba, Bi, Mn, Fe, Al, Si, Ti, Cu und Mg wurden nur qualitativ ausgewertet.

In Tab. 3 bedeuten: HB = Hauptbestandteil; +++ = sehr viel vorhanden; + = viel vorhanden; /// = vorhanden // = wenig vorhanden; Sp. = Spuren; n. b. = nicht bestimmt; — = nicht vorhanden bzw. nicht nachweisbar. Die Werte stammen aus W. Gebauer-Ossenkopf (1963); sie sind in Tab. 3 zusammengestellt.

In den reinen Fluoritlinsen hat Sr ein Maximum (500 g/t), die Elemente Ba, Pb, Mn, Fe, Al, Si, Cu und Mg dagegen haben ein Minimum. Sr wird in das Gitter des sedimentären Fluorits besonders in dem Stadium eingebaut, in dem noch keine Bildung eigener Sr-Minerale erfolgt (siehe Metody isutschenija osadotschnych porod 1956). Die Elemente Bi und Be, die in hydrothermalen Fluoriten häufig sind, fehlen. Be und Sn konnten nur im Ton, der die Fluoritlinsen umhüllt, nachgewiesen werden. Auch Pb hat im Ton sein Maximum. Der violett umgelagerte Fluorit ist ärmer an Spurenelementen als der primär-sedimentäre. Besonders auffällig ist die Verarmung an Sr und Pb. Bei der Umlagerung erfolgt also eine Reinigung des Fluoritgitters von Fremdionen.

Schtscherbina & Jakubowitsch (1963) verweisen darauf, daß im Fluorit aus Dolomiten relativ wenig Elementbeimengungen nachgewiesen wurden. Sie enthalten aber stets sehr hohe Gehalte an Sr, Mg, Mn, Cu, dagegen seien Na, Se, Pb, P nicht nachgewiesen worden. Die Angaben über Sr können bestätigt werden, die anderen jedoch nicht. Der erhöhte Sr-Gehalt erklärt sich nach Frank-Kamenezkij (1966) und Schtscherbina & Jakubowitsch (1963) durch Mischkristallbildung infolge ähnlicher Ionenradien (Ca = 1,06 Å, Sr = 1,27Å).

Schtscherbina & Jakubowitsch (1963) berichten, daß beim Einbau von 1,34% Sr in das Fluoritgitter dieses auf a = 5,4686 Å, bei 0,3% Sr auf a = 5,456 Å aufgeweitet wurde. Tab. 5 zeigt die gleiche Tendenz (besonders bei Probe 5); sie scheint sich auch in der Veränderung der Brechungsindizes (Tab. 6) widerzuspiegeln.

Tab. 3. Spurenelementgehalte einer Fluoritlinse, vom Hangenden zum Liegenden (nach W. Gebauer-Ossenkopf 1963)

Proben-Nr.	Material	Sr g/t	Ba	Pb g/t	Sn	Bi	Be	Mn	Fe	Al	Si	Ti	Cu	Mg
1	Dolomit	1	///	1	—	—	—	+	///	//	///	//	Sp.	HB
2	Dolomit	1	///	—	—	—	—	///	//	//	///	//	Sp.	HB
3	Dolomit	1	///	1	—	—	—	///	///	///	///	//	//	HB
4	Dolomit + CaF_2	230	///	1	—	—	—	///	//	//	//	//	—	HB
5	Fluorit	230	//	—	—	—	—	//	//	//	//	//	—	+++
6	Fluorit	300	Sp.	—	—	—	—	//	//	Sp.	Sp.	//	—	+++
7	Fluorit	500	Sp.	1	—	—	—	//	//	Sp.	Sp.	//	Sp.	+++
8	Fluorit	500	Sp.	1	—	—	—	//	//	//	//	//	—	+++
9	Fluorit	500	Sp.	—	—	—	—	//	//	//	//	//	—	+++
10	Fluorit + Dolomit	40	++	1	—	—	—	///	///	//	///	//	Sp.	HB
11	Dolomit	40	///	1	—	—	—	///	///	//	///	//	Sp.	HB
12	Ton	n.b.	n.b.	1	10	—	1	+	+	+++	+++	+	///	HB
13	Ton	n.b.	n.b.	2,5	10	—	—	+	+	+++	+++	+	///	HB

Tab. 4. Spurenelementgehalte im umgelagerten, violetten Fluorit (nach W. Gebauer-Ossenkopf 1963)

Proben-Nr.	Material	Sr g/t	Ba	Pb g/t	Sn	Bi	Be	Mn	Fe	Al	Si	Ti	Cu	Mg
20	umgelagerter Fluorit in Ton	1	Sp.	—	—	—	—	—	Sp.	//	//	///	—	///
21	umgelagerter Fluorit in sed. Fluorit	1	Sp.	—	—	—	—	//	Sp.	Sp.	Sp.	///	—	+
22	umgelagerter Fluorit in sed. Fluorit	1	Sp.	—	—	—	—	Sp.	Sp.	Sp.	//	///	—	///
23	umgelagerter Fluorit in sed. Fluorit	1	Sp.	—	—	—	—	//	Sp.	Sp.	Sp.	///	—	+
24	umgelagerter Fluorit in Dolomit	n.b.	n.b.	—	—	—	—	//	Sp.	Sp.	Sp.	//	Sp.	+

Tab. 5. Gitterkonstanten verschiedener sedimentärer Fluorite (nach W. GEBAUER-OSSENKOPF 1963)

Proben-Nr.	Fluorit	Farbe	Gitterkonstante a_0
–	theoretischer Wert	–	5,452 Å
4	sedimentärer Fluorit	dunkelgrau	5,4509 ± 0,0003 Å
5	sedimentärer Fluorit	hellgrau	5,4515 ± 0,0001 Å
6	sed. Fluorit aus Linse	dunkelgrau	5,4509 ± 0,0003 Å
2	umgelagerter Fluorit	violett	5,4506 ± 0,0004 Å
–	sed. Fluorit (PANOW 1965)	violett	5,445 ± 0,005 Å

Tab. 6. Brechungsindex sedimentärer Fluorite

farblose u. helle xx	dunkelviolette xx	Autor
1,440	1,436	GEBAUER-OSSENKOPF (1963)
1,434	1,437	PANOW (1964)
1,4346	n.b.	SCHTSCHERBINA & JAKUBOWITSCH (1963)

Im Gegensatz zu den an hydrothermalen Fluoriten recht gut untersuchten Gehalten an Seltenen Erden (LEEDER 1966) finden sich kaum Hinweise auf SE in sedimentären Fluoriten. SCHTSCHERBINA & JAKUBOWITSCH (1963) erwähnen, daß diese in CaF_2 aus Dolomiten fehlen. Eine Probe des violetten Fluorits von Caaschwitz analysierte LEEDER (1966). Er konnte in der Probe Ft 417 folgende Werte ermitteln:

La	$1{,}8 \cdot 10^2$ g/t
Y	$2 \cdot 10^2$ g/t
ΣSE	$0{,}2 \cdot 10^3$ g/t

Diese Gehalte liegen innerhalb der für saxonische hydrothermale Bildungen von LEEDER gefundenen; allerdings weicht der c/l-Quotient (Verhältnis Cer: Lanthan) von der „Norm“ ab.

4. Zur Diagenese und Epigenese des sedimentären Fluorits

Für die meisten Vorkommen an Fluorit in Karbonatgesteinen wurde bisher in mehr oder weniger abgewandelter Form eine hydrothermale Verdrängung angenommen. Die eingangs zitierten, neueren Arbeiten sprechen von sedimentären Bildungen, wobei der Vorgang der Ausscheidung meist umgangen wird. Die Verf. sind der Ansicht, daß es sich bei Fluorit in Dolomiten in den meisten Fällen um syngenetisch-sedimentäre bzw. diagenetische Bildungen handelt. Der Bildungsmechanismus dürfte dem von G. MÜLLER (1962) für die sedimentäre Coelestinbildung entwickelten Modell entsprechen. Danach handelt es sich bei syngenetischen Bildungen um Abscheidungen infolge erhöhter Konzentration an den Flanken submariner Rücken oder Wälle unter dynamischen Bedingungen (s. auch PUCHELT & MÜLLER 1964). Dabei kommt als Ca^{++}-Lieferant das Meerwasser in Frage. Das Fluor kann aus Verwitterungslösungen vom Festland[1]) (besonders bei intensiver Verwitterung von Kristallinmassiven) oder aus Hydrothermen stammen. Der zweite Fall könnte dann zutreffen, wenn innerhalb der fluoritführenden Dolomite tuffogene Zwischenlagen eingeschaltet sind. Für die sedimentären Fluoritvorkommen in Zechsteinkarbonaten der DDR dürfte jedoch der erste Fall zutreffen (KRÜGER 1962).

Das Ausscheiden von CaF_2 aus karbonathaltigen Wässern unter Oberflächenbedingungen erfolgt nach der Reaktion:

$$Ca^{2+} + 2\,F^- \rightleftharpoons CaF_{2\,krist.}.$$

Ausschlaggebend ist die Löslichkeit von CaF_2, die KORITNIG (1963) mit 40 mg/l bei 15°C, GRUSZCYK (1962) mit 0,014 g/l bei 15°C angibt. PERELMAN (1968) und UNGETHÜM (1968) geben das Löslichkeitsprodukt von CaF_2 bei 25°C mit $10^{-9,8}$ an. Nach KRAUSKOPF (1967, S. 10) beträgt dagegen die Gleichgewichtskonstante bei 25°C = $10^{-10,5}$. Für das System $Ca^{2+} + 2\,F^- \rightleftharpoons CaF_{2\,krist.}$ gilt: $\log(Ca^{2+}) \rightleftharpoons -9{,}80 - 2\log(F^-)$. Das heißt, wenn die Ca^{2+}-Konzentration im Wasser 10^{-2} mol/l (0,40 g/l) erreicht, so nimmt die Konzentration von F^- einen Wert von $10^{-3,9}$ mol/l an. Anders gesagt: Wenn sich die Ca^{2+}-Konzentration im Wasser um das Vierfache verringert (z. B. durch das Ausfallen von kristallisiertem Kalzit oder Dolomit), so vergrößert sich die Konzentration von F^- in der Lösung um das Doppelte. Bei entsprechender Verdunstung in Lagunen oder an submarinen Rücken kann es so zur CaF_2-Bildung kommen.

Jedoch muß auch der diagenetischen und epigenetischen Umlagerung des Fluorits Aufmerksamkeit geschenkt werden. Die in Karbonatwässern relativ leicht mögliche Auflösung von Fluorit, seine Mobilisierung und die Wegführung von Fluorionen bei gleichzeitiger Ausfällung von Kalzit hat nach UNGETHÜM (1968, S. 260) vor allem seine Ursache in der steigenden Karbonationen-Konzentration mit zunehmendem pH-Wert und wird durch den relativ geringen negativen Wert der Freien Reaktionsenthalphie folgender Reaktion charakterisiert:

$$CaCO_3 + 2\,F^- \rightleftharpoons CaF_2 + CO_3^{2-}$$

$$\Delta G_R^0 = -1{,}98 \text{ kcal}$$

Der geringe Wert für ΔG_R^0 bedeutet, daß bei einem Überschuß an CO_3^{2-} der Vorgang sehr leicht von rechts nach links verläuft. Die Auflösung des CaF_2 wird erleichtert durch die Bildung von Fluorkomplexen mit Kalzium (CaF^+) und mit fremden Kationen, z. B. Fe, Al, Be, Mg u. a. Solche Bedingungen herrschen in Oberflächenwässern (Flußwässern) und Meeresteilen mit Süßwasserzufluß.

Auf die geologische Rolle der von Flüssen transportierten Fluormenge bei der Bildung des Vorkommens Caaschwitz wies 1962 bereits P. KRÜGER hin. PANOW (1964) beschreibt rezente Prozesse der Auslaugung F-haltiger Gesteine im Donbass. Unterirdische Wässer in Karbonatgesteinen enthalten danach 0,8–1 mg F/l. Oberflächenwässer, die kristalline Gesteine des Asow-Massivs auslaugen, enthalten 1–1,2 mg F/l, maximal sogar 3–4 mg/l. Allein der Fluß Kalmius befördert so bei einer durchschnittlichen Wassermenge von 4,5 m^3/sec jährlich über 100 t Fluor ins Asowsche Meer. Ozeanschlämme aller Weltmeere enthalten nach SCHISCHKINA (1966) 0,030–0,071% F.

Anstelle von Oberflächenwässern können auch erzleere Hydrothermen, die an Störungszonen aufsteigen, den in Karbonaten, Sandsteinen o. a. Sedimenten primär vorhandenen Fluorit mobilisieren und an entsprechender Stelle konzentrieren. Über Lösungsversuche mit CaF_2 siehe auch AMES (1961), GLOVER & SIPPEL (1962), HÜBNER (1962) und SCHEUZOW (1967). Daß auch (meist dia- bis epigenetische)

[1]) Nach TISCHENDORF (mündl. Mitt.) werden bei der Verwitterung von Dunkelglimmer aus Granitmassiven je t neugebildeten Sericits 8000 g Fluor freigesetzt.

Ionenaustauschprozesse an Tonmineralen zur Konzentration von Fluor in Sedimenten führen können, sei hier nur kurz erwähnt (KORITNIG 1963; HEGEMANN 1963; HÜBNER 1966, 1968; WERNER 1966).

5. Folgerungen

In der Sowjetunion wurden in letzter Zeit mehrere große Fluoritlagerstätten entdeckt, die an Karbonate geknüpft sind. Es sei nur an die Lagerstätten im Permokarbon der Ukraine erinnert, deren Erzkörper 4—70 m mächtig sind und im Mittel 45—50% CaF_2 (mit Partien von 90—95% CaF_2) enthalten (PANOW 1965). Die äußere Ähnlichkeit der Vorkommen mit denen aus Zechsteinkarbonaten und die Kenntnis um die thermodynamischen Grundlagen der Ausfällung und Mobilisierung von CaF_2 sollten künftig bei minerogenetischen Untersuchungen fluoritführender Karbonatkomplexe beachtet werden. Dabei können epigenetische Fluoritmineralisationen innerhalb von Sedimentkomplexen als Suchkriterien für Fluoritlagerstätten angesehen werden (KOMAROW & NAKTINAS 1965; SCHÜTZE 1965). In solchen Fällen kann zur Unterscheidung hydrothermaler von sedimentär mobilisierter Fluoritführung der unterschiedliche Gehalt an Sr, Pb, Sn, Bi und Be im Fluorit dienen.

Zusammenfassung

Über den sedimentären Fluorit im Plattendolomit von Caaschwitz werden neue chemische, spektralanalytische, röntgenographische und mikroskopische Untersuchungsergebnisse mitgeteilt. Sie werden mit Angaben aus der Literatur verglichen. Anhand einiger thermodynamischer Daten des Systems Fluorit-Karbonat werden Vorstellungen zur Genese und Epigenese des sedimentären Fluorits mitgeteilt. Auf die geologische Bedeutung dieser Bildungen wird hingewiesen.

Резюме

Сообщаются новые химические, спектральные, рентгенографические и микроскопические результаты исследований об осадочном флюорите в плитчатом доломите около Кашвитца. Они сопоставляются с литературными данными. На основании некоторых термодинамических данных о системе флюорит-карбонат сообщаются предположения о генезисе и эпигенезе осадочного флюорита. Указывается на геологическое значение этих образований.

Summary

New results of chemical, spectroscopic, X-ray and microscopic investigations are described of the sedimentary fluorite in the sheet dolomite of Caaschwitz and are compared with data from the literature. From some thermodynamic data of the system fluorit-carbonate ideas are developed on the genesis and epigenesis of sedimentary fluorite. The geological importance of these formations is emphasized.

Literatur

AMES, L. L. jr.: Anion metasomatic replacement reactions. — Economic Geology, 56, 521—532 (1961) [1961 a].

— The metasomatic replacement of limestones by alkaline fluoride bearing solutions. — Economic Geology, 56, 730—739 (1961) [1961 b].

AMSTUTZ, G. C., P. RAMDOHR, F. EL BAZ & W. C. PARK: Diagenetic behaviour of sulfides — part IV: Sphalerite, fluorite and galena as distinct diagenetic crystallisation generations of an oolithic phase of the Fredonia formation, southern Illinois fluorspar district. — Verl. Elsevier, Developments in sedimentology, vol. 2, 65—90, Amsterdam 1964.

BARTH, T. F. W.: On the geochemical cycle of fluorine. — The Journal of Geology, 55, 420—426 (1947).

— The geochemical cycle of fluorine. — The Journal of Geology, 60, 434 to 435 (1952).

BORCHERT, H.: Zur Geochemie des Fluors. — Beitr. Miner. u. Petrogr., 3, 36—43, Heidelberg 1952.

CORRENS, C. W.: Über die Geochemie des Fluors und des Chlors. — Neues Jb. Miner., Abh., 91, 236—256 (1957).

DANILOWA, W. W.: O raspredelenii ftora w porodach, rodach, potschwach i organismach. — Trudy labor. AN SSSR, Moskau, 9 (1949). In: Panow (1965).

DEGENS, E. T.: Geochemistry of Sediments. — Prentice-Hall, Inc., Englewood Cliffs, S. 168, New Jersey 1965.

EISEL, R.: Das Vorkommen von Flußspat im Zechsteindolomit. — 43. bis 45. Jber. Ges. Freunden Naturwiss. Gera (Reuss), 1900 bis 1902, S. 94 bis 95, Gera 1903.

FRANK-KAMENETZKIJ, W. A.: Priroda strukturnych primesej w mineralach. — Moskau 1966.

GEBAUER-OSSENKOPF, W.: Geochemische Untersuchungen des umgelagerten Fluorits von Caaschwitz. — Unveröff. Studienarb. Inst. Miner. u. Lagerstättenlehre Bergakad. Freiberg 1963.

GLOVER, E. D., & R. F. SIPPEL: Experimental pseudomorphose replacement of calcite by fluorite. — The Amer. Mineralogist, 47, 9. u. 10., 1156—1166 (1962).

GRUSZCZYK, H.: Beitrag zur Genesis der Erzführung in den Sudeten. — Bull. l'Acad. Polonaise des Sciences, Sér. sc. géol., Vol. X, 3, 179—183 (1962).

GULJAJEWA, L. A., & F. A. SACHAROWA: Galogeny w nishnejurskich otloshenijach Kalonguskogo mestoroshdenija fljuritow Wostotschnogo Sabajkalja. — Sammelbd.: Mikroelementy w kaustobiolitach i osadotschnych porodach, Nauka, 116—127, Moskau 1965.

HEGEMANN, F.: Bericht über die Tagung der Deutschen Keramischen Gesellschaft Baden-Baden, 5. —9. Nov. 1962. — Ber. dt. keram. Ges., I, S. 44 (1963).

HEINRICH, J.: Das Auftreten von Sellait (MgF_2) im Staßfurtkarbonat Südrugens. — Ber. dt. Ges. geol. Wiss., B, Miner. u. Lagerstättenforsch., 11, 2, 255—228, Berlin 1966.

HÜBNER, M.: Beitrag zur Bestimmung geringer Fluorgehalte in Gesteinen und Mineralien. — Chemie der Erde, 22, 264—270, Jena 1962.

— Einige Ergebnisse des F^-/OH^--Austauschadsorptionsverhaltens illitischer Tonminerale. — Ber. dt. Ges. geol. Wiss., B, Miner. u. Lagerstättenforsch., 11, 2, 274—275, Berlin 1966.

— Die Fluordispersion im Nebengestein hydrothermaler Flußspatgänge in Thüringen und im Harz. — Z. angew. Geol., 17, 6, 297 — 302, Berlin 1968.

JAKSHIN, A. A.: Posledowatelnost wydelenija raslitschnych rasnowidnostij fljuorita wo fljuoritowych mestoroshdenijach Sabajkalja. — Iswestija AN SSSR, ser. geol., No. 5, Moskau 1954.

KASAKOW, A. W., & E. I. SOKOLOWA: Uslowija obrasowanija fljuorita w osadotschnych porodach (fljuoritowaja sistema). — Trudy inst. geol. nauk AN SSSR, vyp. 114, ser. geol., Moskau 1957. In: KRASILNIKOWA (1963).

KOMAROWA, G. N.: O fljuorit-sljudistoj mineralisacii w karbonatnych porodach Sabajkalja. — Geol. rudnych mestoroshd., 1, 105—109, Moskau 1965.

KORITNIG, S.: Zur Geochemie des Fluors in den Sedimenten. — Fortschr. Geol. Rheinland u. Westfalen, 10, 231 — 238, Krefeld 1963.

KRASILNIKOWA, N. A.: O fljuorite w fosforitach. — Litologija i polesn. iskopaemye, 3, 141—144, Moskau 1963.

KRAUSKOPF, K.: Introduction to geochemistry. — 1. Aufl., Verl. Wiley & Sons, New York 1967.

KRÜGER, P.: Über ein Vorkommen von syngenetisch-sedimentärem Fluorit im Plattendolomit des Geraer Beckens. — Bergakademie, 14, 11, 742 bis 750, Freiberg 1962 [1962 a].

— Sedimentärer Fluorit — eine bis jetzt übersehene Gefahrenquelle für die Dolomitindustrie. — Z. angew. Geol., 13, 8, 400—401, Berlin 1962 [1962 b].

LAWROWITSCH, N. S.: Plawikowoj shpat. — Gosgeoltechisdat, Moskau 1956.

LEEDER, O.: Geochemie der Seltenen Erden in natürlichen Fluoriten. — Freiberger Forsch.-H., C 206, Leipzig 1966.

LUKASHEW, K. I.: Geochimitscheskoe powedenie elementow w gipergennom zikle migrazii. — Nauka i Technika, 348—350, Minsk 1964.

MARTINSON, G. G.: O stratigrafii mesosojskich kontinentalnych otloshenij Sabajkalja. — Doklady AN SSSR, 105, 2, Moskau 1955.

MÜLLER, G.: Zur Geochemie des Strontiums in ozeanen Evaporiten unter besonderer Berücksichtigung der sedimentären Coelestinlagerstätte von Hemmelte-West (Süd-Oldenburg). — Geologie, Beih. 35, Berlin 1962.

PANOW, B. S.: O fljuorite w karbonatnoj tolschtsche jugo-sapadnoj okrainy Doneckogo bassejna. — Doklady AN SSSR, 147, 5, 1172—1174, Moskau 1962.

— Fljuorit jugo-sapadnoj okrainy Doneckogo bassejna. — Litologija i polesnye iskopaemye, 3, 104—117, Moskau 1964.

— Fljuorit w Doneckom bassejne. — Isd. Charkowskogo Univ., Charkow 1965.

PARENT, Ch., & J. PARENT-VAAST: Sur un exemple de fluorine authigène dans le Lias du détroit de Rodez. — C. R. Soc. géol. France, 3, 58—59, Paris 1961.

PENSOLD, G., F. THEILIG & P. THOMASER: Auftreten von Sellait im Hauptdolomit des Zechsteins von Thüringen. — Z. angew. Geol., 10, 2, 75—77 Berlin 1964.

PERELMAN, A. I.: Geochimija epigenetitscheskich prozessow (sona gipergenesa). — 3. Aufl., Isd. Nedra, Moskau 1968.

POPOW, W. P.: Die geschichteten Blei-Zink-Vorkommen des Tienschan und Zentralkasachstans und Fragen ihrer Genese. — Vortr. 7. lithol. Allunionskonf. Moskau 1965. In: Wiss.-techn. Inform.-Dienst zentr. geol. Inst., 8, 4, 20, Berlin 1967.

PUCHELT, H., & G. MÜLLER: Developments in Sedimentology. — Vol. 2: Sedimentology and ore genesis, Verl. Elsevier, 143—156, Amsterdam 1964.

SCHEUZOW, R.: Bestimmung von Fluor in Mineral- und Gesteinsproben. — Unveröff. Teilber., Teil III: Physikochemische und chemische Analysenverfahren, zentr. geol. Inst., Berlin 1967.

SCHISCHKINA, O. W.: Ftor w ilowych wodach i osadkach okeana. — Geochimija, 2, 236—243, Moskau 1966.

SCHNEIDER, H.-J.: Facies differentiation and controlling factors for the depositional lead-zinc-concentration in the Ladinian geosyncline of the eastern alps. — Developments in sedimentology, vol. 2: Sedimentology and ore genesis, Verl. Elsevier, 29—45, Amsterdam 1964.

SCHTSCHERBINA, W. W., & K. I. JAKUBOWITSCH: Granizy isomorfnoj smesimosti w sawisimosti ot genetitscheskich uslowij. — Trudy Geochim. Konf. „Chimija Semnoj Kory" t. I, 306—311, Moskau 1963.

SCHULZ, O.: Lead-zinc-deposits in the Calcareous Alps as an Example of submarin-hydrothermal formation of mineral deposits. – Developments in Sedimentology, vol. 2: Sedimentology and ore genesis, Verl. Elsevier, 47–52, Amsterdam 1964.
SCHÜTZE, R.: Bericht über die geochemische Untersuchung auf Fluor im Plattendolomit bei Caaschwitz (Bezirk Gera), Teil I. – Wiss.-techn. Inform.-Dienst, zentr. geol. Inst., 4, 4, 3–4, Berlin 1963.
– Bericht über die geochemische Untersuchung auf Fluor im Plattendolomit bei Caaschwitz (Bezirk Gera), Teil II. – Wiss.-techn. Inform.-Dienst zentr. geol. Inst., 6, 1, 24, Berlin 1965.
SHOWINSKIJ, A. N.: Fljuority Pridnistrow ja ta ich genesia. – Geol. Shurnal Ukraine, XXV, 4, 76–79 (1965).
SOULE DE LAFONT, D.: Les gîtes de fluorine stratiformes de la Bordune Nord du Morvan. – Chronique de Mines et de la Recherche Minière, 35, 361, 85–108, Paris 1967.
TAUPITZ, K.-Ch.: Über Sedimentation, Diagenese, Metamorphose, Magmatismus und die Entstehung der Erzlagerstätten. – Chemie der Erde, 17, 2, 104–164, Jena 1954/55.
THOMASER, P.: Der Mineralbestand der Zechstein-Karbonate auf dem Gebiet der DDR. – Erdöl-Erdgas-Inform., 9, 10–22, Gommern 1966.
UNGETHÜM, H.: Chemische und elektrochemische Gleichgewichte mit Anwendung auf analytische und geochemische Probleme. – Unveröff. Ber. zentr. geol. Inst., Berlin 1968.
WALTER, A. A., & E. P. GUROWA: Raspredelenie okraski i morfogenetitscheskie osobennosti fljuorita is zementa mogilewskich pesschtschannikow Pridnestrowja. – Mineral. Sbornik Lwowsk, Univ., 20, 3, 389–394, Lwow 1966.
WEIDNER, T.: Ein Flußspatvorkommen in Schleswig-Holstein. – Aufschluß, 14, 174 (1963).
WERNER, C. D.: Abhängigkeit zwischen Tonmineralbestand und Spurenelementverteilung im Oberen Zechstein und Unteren Buntsandstein des Thüringer Waldes bei Seligenthal. – Ber. dt. Ges. geol. Wiss., B, Miner. u. Lagerstättenforsch., 11, 2, 273–274, Berlin 1966.
Sammelband: Metody isutschenija osadotschnych porod, t. II, 396, Gosgeolisdat, Moskau 1957.

Idiomorphe Quarze und Vertaubungen im Kaliflöz „Staßfurt“ des Südharz-Kalireviers

GERHARD NACHSEL, Sondershausen

Diese Veröffentlichung ist im wesentlichen der vom Verf. an der Mathematisch-Naturwissenschaftlichen Fakultät der Bergakademie Freiberg eingereichten und genehmigten Dissertation „Zum Problem der im bergmännisch abgebauten Flözhorizont des Kaliflözes Staßfurt auftretenden Vertaubungen im Südharz-Kalirevier“ entnommen.

Es ist mir eine angenehme Pflicht, an dieser Stelle meinem verehrten Lehrer, Herrn Professor Dr. A. WATZNAUER, für seine wertvolle Unterstützung und seinen stets gewährten Rat nochmals herzlich zu danken.

Im Ergebnis dieser Arbeit wurden u. a. die im K 2 des Südharz-Kalireviers auftretenden Vertaubungen klassifiziert und typisiert. Die regionalen Vertaubungen entstanden durch Einwirkung aszendenter, NaCl-gesättigter, $CaSO_4$-haltiger Metamorphoselösungen; der Vertaubungsvorgang selbst war am Ende der Flözabscheidung bereits im wesentlichen abgeschlossen. Ebenfalls durch aszendente Metamorphoselösungen entstanden die Typen I, II a und II b der lokalen Vertaubungen, die Typen III, IV und V sind auf deszendente Metamorphoselösungen zurückzuführen. Die deszendenten Metamorphoselösungen, die zur Bildung des Typs III führten, sind mit der Bildung von Deckanhydrit und Decksteinsalz bzw. der liegendsten Partien des T 3 in Zusammenhang zu bringen. Typ III tritt sowohl als stark anhydritische hangende Partialvertaubung als auch als anhydritische Totalvertaubung in der Hartsalzfazies auf. Während die Bildung der Typen I, IIa und IIb gleichzeitig mit der der regionalen Vertaubungen erfolgte und auch die Bildung der Typen III und V am Ende der Flözabscheidung abgeschlossen war, ist die Bildung des Typs IV als eindeutig epigenetisch anzusehen. Der Typ IV entsteht erst im Verlauf der tektonischen Beanspruchung des Salinars, wobei schichtparallele Abscherungsbewegungen (KNAPE 1957) Einpressungen des T 3 in das Kaliflöz verursachen und die miteingepreßten Lösungen eine lokale, sich um die Toneinpressung herum ausbreitende Vertaubung bewirken. Hinsichtlich der zeitlichen Einstufung der Metamorphose des Kalilagers entsprechen die erzielten Ergebnisse, im Gegensatz zu den von BAAR (1944, 1945; Faziesdifferenzierung des K 2 in der kimmerischen Phase der saxonischen Gebirgsbildung) und Borchert (1959; spätes Mesozoikum als Zeitpunkt der Faziesdifferenzierung) vertretenen Anschauungen, den in neuerer Zeit von MÖTZING, DÖHNER und PENSOLD erarbeiteten Aussagen einer sehr frühen Faziesdifferenzierung des K 2, die am Ende der Flözabscheidung bereits im wesentlichen abgeschlossen war.

Eingang des Manuskripts in der Redaktion: 31. 3. 1969.

Im Verlauf der Arbeit wurde, um Kriterien des frühzeitigen Erkennens der Vertaubungen zu erhalten, unter anderem das Verhalten der idiomorphen Quarze bei Annäherung an verschiedene Vertaubungstypen beobachtet. Die dabei erzielten Ergebnisse sollen kurz dargelegt werden.

1. Bildung der Quarze

Nach GRIMM (1962, 1964) stellen Quarzausscheidungen unter salinaren Bedingungen einen wesentlichen Anteil des im Sediment neugebildeten Quarzes dar, wobei die authigen gebildeten idiomorphen Quarze besonders charakteristisch für einen solchen Bildungstyp sind.

Zur Bildung dieser Quarze aus kieselsäurehaltigen Lösungen kommt es, wenn im salinaren Milieu ein gewisser Elektrolytgehalt überschritten wird [dieser Schwellengehalt wurde nach GRIMM (1962) experimentell noch nicht ermittelt]. Ist der Elektrolytgehalt entsprechend hoch — was ja in salinaren Lösungen der Fall ist —, so kann es auch aus normalen Wässern, in denen die Kieselsäure in molekularer Lösung vorliegt und als Orthokieselsäure H_4SiO_4 transportiert wird, zur Ausfällung fast der gesamten gelösten Kieselsäure kommen. Gerade diese Abscheidung aus Wässern normal geringer SiO_2-Konzentration (HARDER 1967; HARDER & FLEHMIG 1967) wird von GRIMM (1962) als Voraussetzung für ein geordnetes Wachstum der ausgefällten Kieselsäure in Form von Quarzkristallen angesehen. Eine weitere wichtige Voraussetzung für die Ausfällung der Kieselsäure ist nach Untersuchungen von BIEN, CONTOIS & THOMAS (1958) das Vorhandensein von Kristallkeimen. Kristallisationsgeschwindigkeit und Wirtsgestein sind weitere wichtige Faktoren.

Interessant ist die von GRIMM (1962, 1964) getroffene Feststellung, daß es in stark löslichen Salzen — also

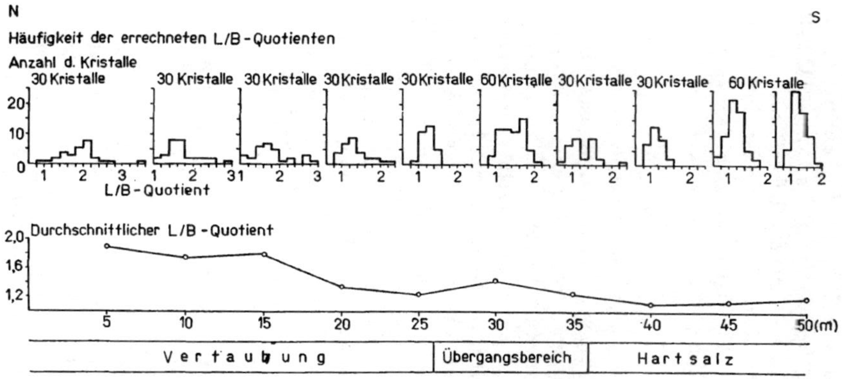

Abb. 1. Veränderung des durchschnittlichen L:B-Quotienten sowie der Häufigkeit der errechneten L:B-Quotienten der jeweiligen Probe beim Übergang vom Hartsalz zur Vertaubung
Stratigr. Horizont: K2; Hangendgruppe (Bereich 13./15. Leitbank); VEB Kaliwerk „Glückauf“ Sondershausen, Schacht I, 2. westl. Abt.-Str. n. N ab Str. A

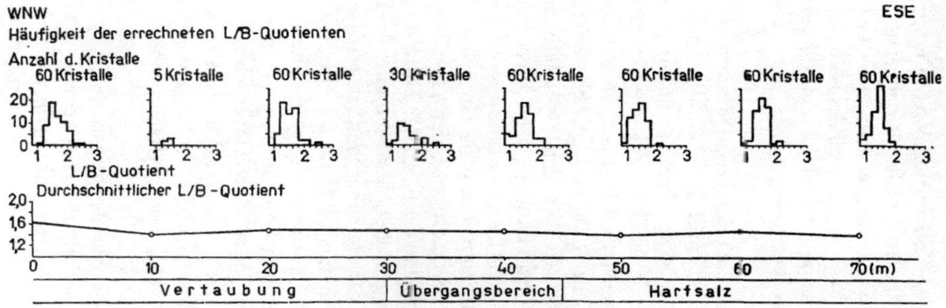

Abb. 2. Veränderung des durchschnittlichen L:B-Quotienten sowie der Häufigkeit der errechneten L:B-Quotienten der jeweiligen Probe beim Übergang vom Hartsalz zur Vertaubung.
Stratigr. Horizont: K2; Hangendgruppe (Bereich 12. Leitbank); VEB Kaliwerk „Karl Liebknecht“ Bleicherode, Grube Bleicherode, Abbaustr. B n. WNW

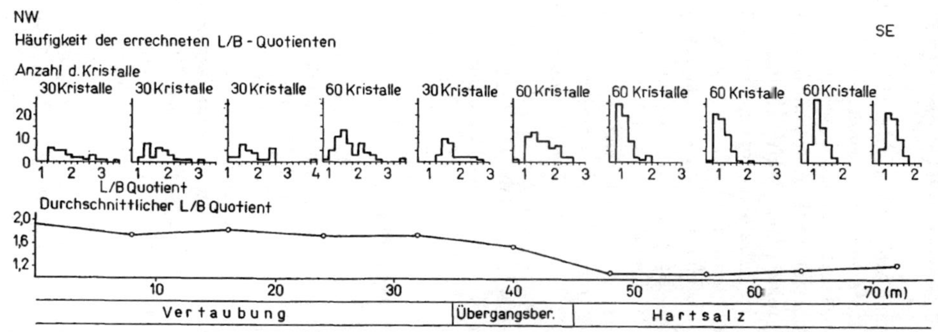

Abb. 3. Veränderung des durchschnittlichen L:B-Quotienten sowie der Häufigkeit der errechneten L:B-Quotienten der jeweiligen Probe beim Übergang vom Hartsalz zur Vertaubung
Stratigr. Horizont: K2; Hangendgruppe (Zwischenmittel 10./11. Leitbank); VEB Kaliwerk „Glückauf“ Sondershausen, Schacht I, Diagonale n. SE

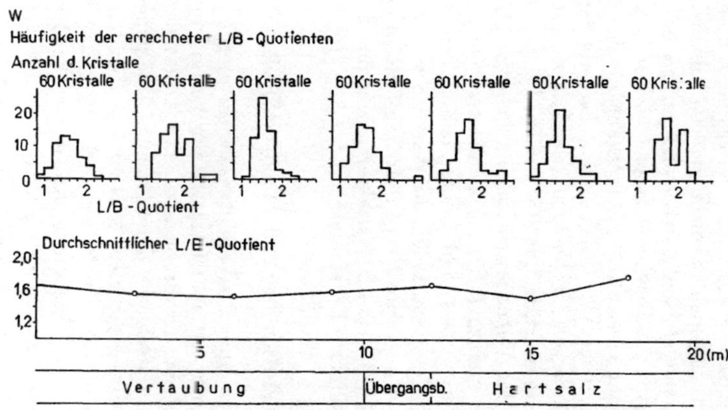

Abb. 4. Veränderung des durchschnittlichen L:B-Quotienten sowie der Häufigkeit der errechneten L:B-Quotienten der jeweiligen Probe beim Übergang vom Hartsalz zur Vertaubung
Stratigr. Horizont K2; Hangendgruppe (Bereich 12. Leitbank); VEB Kaliwerk „Karl Liebknecht“ Bleicherode, Grube Bleicherode, Abbau 34 n. S, Bereich Abbaustr. 32

Stein- und Kalisalzen — auf Grund des erhöhten Elektrolytgehalts im allgemeinen nicht zu Quarzabscheidungen kommt, sondern daß die Kieselsäure bereits in der Bodenlösung ausfällt bzw. abgefangen wird und den Bodenkörper nicht erreicht. Die Ausfällung geschieht nach GRIMM in dem von Salzlösungen beeinflußten Nebengestein. Dabei soll das Wachstum der Quarze postsedimentär oder in einem frühen Stadium der Diagenese erfolgen, wenn das Nebengestein bereits in einer verfestigten Phase vorliegt. Die neugebildeten Quarze treten in der von GRIMM (1962) aufgestellten Wachstumsreihe auf (s. NACHSEL 1966); dabei ist ein gedrungener Habitus mit einem Längen:Breiten-Verhältnis (L:B-Quotient) von 1,5—3 charakteristisch für die Quarzkristalle salinarer Entstehung.

2. Auswahl der Aufschlüsse und Arbeitsmethodik

Für die Untersuchung des Verhaltens der idiomorphen Quarze beim Übergang vom Hartsalz zur Vertaubung war es entsprechend der Problematik der Arbeit notwendig, einmal Aufschlüsse des normalen Übergangs vom Hartsalz zur regionalen Vertaubung (Sondershausen, 2. westl. Abt.-Str. n. N) als auch etwas davon abweichender Fazies (Bleicherode, Abbau-Strecke B n. WNW) zu erfassen, zum anderen aber auch das Verhalten der idiomorphen Quarze beim Übergang vom Hartsalz zu verschiedenen Typen der lokalen Vertaubung (Sondershausen, Diagonale, Typ III; Bleicherode, Abbau 34 n. S im Bereich Abbau-Str. 32, Typ IV) zu beobachten.

Die Probenahme, Aufbereitung der Proben, das Auslesen und die Vermessung der idiomorphen Quarze erfolgten in der von NACHSEL (1966) beschriebenen Art und Weise. Die graphische Interpretation der Ergebnisse umfaßt eine Darstellung der Häufigkeit der errechneten L:B-Quotienten der einzelnen Proben, der durchschnittlichen L:B-Quotienten jeder Probe in Abhängigkeit von der Fazies sowie die Häufigkeit der in der Hartsalz- und Vertaubungsfazies des jeweiligen Aufschlusses auftretenden Formen der GRIMMschen Wachstumsreihe.

Im allgemeinen wurden für jede Probe 60 Quarzkristalle nach Länge und Breite vermessen. In Proben, die eine gewisse Quarzarmut aufweisen, mußte diese Zahl auf 30 reduziert werden. Da sich die Ergebnisse dieser Proben gut in das Gesamtbild einfügen, konnten sie ebenfalls mit für die graphische Darstellung verwendet werden.

3. Untersuchungsergebnisse

Der in Abb. 1 dargestellte Übergang vom Hartsalz zur regionalen Vertaubung zeigt nach leicht schwankenden Werten (zwischen 1,1 und 1,3) im Hartsalz eine generelle größenordnungsmäßige Zunahme des L:B-Quotienten vom Hartsalz in Richtung Vertaubung, wobei der eigentliche Anstieg des L:B-Quotienten von 1,34 auf 1,79 erst nach dem Fazieswechsel zur Vertaubung in dieser selbst erfolgt. Trotz des auf den ersten Metern der Vertaubung noch niedrigen L:B-Quotienten liegt der durchschnittliche L:B-Quotient aller Proben aus der regionalen Vertaubung mit 1,60 weit über dem entsprechenden Wert der Proben des Hartsalzes vor der regionalen Vertaubung, der 1,23 beträgt. Der größte L:B-Quotient liegt mit 1,90 in der Vertaubungs-, der niedrigste mit 1,12 in der Hartsalzfazies. In bezug auf die Häufigkeit des Auftretens der errechneten L:B-Quotienten der einzelnen Proben ist ebenfalls recht deutlich die größenordnungsmäßige Zunahme der idiomorphen Quarze in der Vertaubung gegenüber dem Hartsalz ersichtlich.

Ganz anders verhält sich der L:B-Quotient der idiomorphen Quarze in dem Profil der ebenfalls einen Übergang vom Hartsalz zur regionalen Vertaubung darstellenden Abbau-Strecke B der Grube Bleicherode (Abb. 2). Hier ergaben sich innerhalb des gesamten Profils keine größeren Schwankungen der allerdings hohe Werte aufweisenden L:B-Quotienten. Die Werte pendeln generell um 1,45, nur in der Vertaubung liegt ein Wert bei 1,63. Der Übergangsbereich Hartsalz/Vertaubung wird also in diesem Profil nicht durch wesentliche Unterschiede des durchschnittlichen L:B-Quotienten charakterisiert. Dies ergibt sich auch aus einem Vergleich der Durchschnittswerte aller Vertaubungsproben zu denen aller Hartsalzproben, die mit 1,44 nur um weniges niedriger liegen als der Wert von 1,51 für die Vertaubung. Die Häufigkeit der errechneten L:B-Quotienten zeigt in diesem Profil zwar für den Vertaubungsbereich einige größere Quotienten, doch werden diese den Durchschnitt beeinflussenden Werte von den zahlreicher vorkommenden mittleren Größenordnungen der L:B-Quotienten der idiomorphen Quarze aus den Hartsalzproben wieder ausgeglichen.

Die aus einem für die Annäherung an den Typ III der lokalen Vertaubung so charakteristischen vertaubten Zwischenmittel im weiteren Übergangsbereich vom Hartsalz zur Vertaubung entnommene Probenserie aus der Diagonalstrecke von Schacht I, Sondershausen (Abb. 3), zeigt wieder ähnliche Verhältnisse, wie in Abb. 1 dargestellt. Auch hier tritt ein deutlicher Unterschied zwischen den L:B-Quotienten der Quarze des Hartsalzes (Durchschnittswert 1,15) und denjenigen der Vertaubungsfazies (Durchschnittswert 1,75) auf. Der Sprung in der Größenordnung der L:B-Quotienten stimmt genau mit der Faziesgrenze überein (Anstieg von 1,10 auf 1,56). In diesem Profil wurde auch der höchste durchschnittliche L:B-Quotient einer Probe mit 1,92 nahe dem anhydritischen Zentrum der Vertaubung errechnet, während das Minimum mit 1,10 aus einer Hartsalzprobe des gleichen Profils stammt. Der absolut größte idiomorphe Quarzkristall wies eine Länge von 1,5 mm und eine Breite von 0,8 mm auf (Probe Nr. 12, Vertaubungsbereich); der höchste Wert eines L:B-Quotienten (4,17) stammt gleichfalls aus dem Vertaubungsbereich der Diagonale (Probe Nr. 14). Die Säulendiagramme der Häufigkeit der errechneten L:B-Quotienten der einzelnen Proben zeigen ebenfalls wieder die zahlreichen größeren Vertaubungsquarze gegenüber den häufiger vorkommenden niedrigeren L:B-Quotienten der Quarze der Hartsalzproben.

Der Übergang vom Hartsalz zur Vertaubung des durch eine sekundäre Toneinpressung hervorgerufenen Typs IV (Abb. 4, Abbau 34 n. S, Bereich Abbau-Strecke 32, Bleicherode) macht sich nicht in einer wesentlichen Veränderung der Größen der L:B-Quotienten bemerkbar. Der durchschnittliche L:B-Quotient aller Vertaubungsproben liegt mit 1,59 sogar noch unter dem entsprechenden Wert aller Hartsalzproben (1,67). Auch das

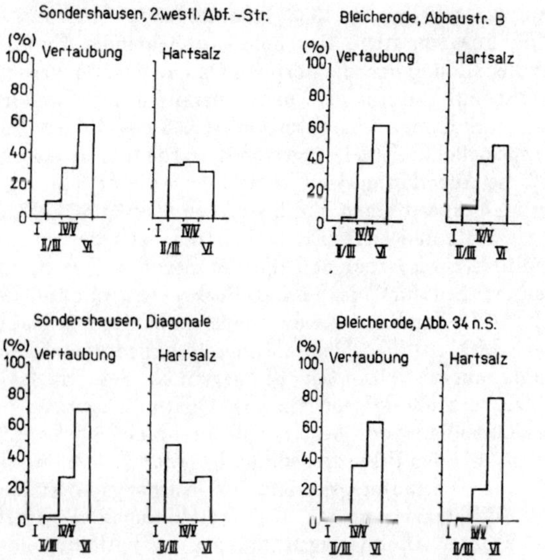

Abb. 5. Prozentuale Darstellung der in der Hartsalz- und Vertaubungsfazies des jeweiligen Profils auftretenden Formen der GRIMMschen Wachstumsreihe

Maximum aller Proben dieses Profils wurde mit 1,79 aus einer Probe der Hartsalzfazies errechnet, der Minimalwert von 1,53 tritt sowohl in der Hartsalz- als auch in der Vertaubungsfazies auf. Die Häufigkeit der errechneten L:B-Quotienten läßt für Hartsalz und Vertaubung ebenfalls keine Unterschiede erkennen.

In Abb. 5 ist der Versuch unternommen worden, die auftretenden Formen der GRIMMschen Wachstumsreihe statistisch zu erfassen, indem die Formen der Quarze des jeweiligen Profils, für die Hartsalz- und Vertaubungsfazies getrennt und auf 100 umgerechnet, ins Verhältnis gesetzt wurden. Im Hartsalz der 2. westl. Abt.-Str., Sondershausen, treten die dihexaedrischen, kurz- und langprismatischen Formen etwa in gleicher Anzahl auf. Der dazugehörige Vertaubungsbereich zeigt dagegen eine erhebliche Zunahme der langprismatischen Form VI, zu der mehr als die Hälfte (59%) aller beobachteten Quarze gehören. Die kurzprismatischen Formen IV und V bleiben mit 31% etwa konstant, während die Formen II und III nur noch sehr wenig vertreten sind. Das ebenfalls den Faziesübergang vom Hartsalz zur regionalen Vertaubung dokumentierende Profil der Abbau-Strecke B, Bleicherode, zeigt für den Vertaubungsbereich etwa die gleiche Verteilung der Formen wie das obenbesprochene Profil von Sondershausen. Ein Vergleich der Hartsalzformen beider Profile weist jedoch einen erhöhten Anteil langprismatischer Formen im Profil von Bleicherode aus.

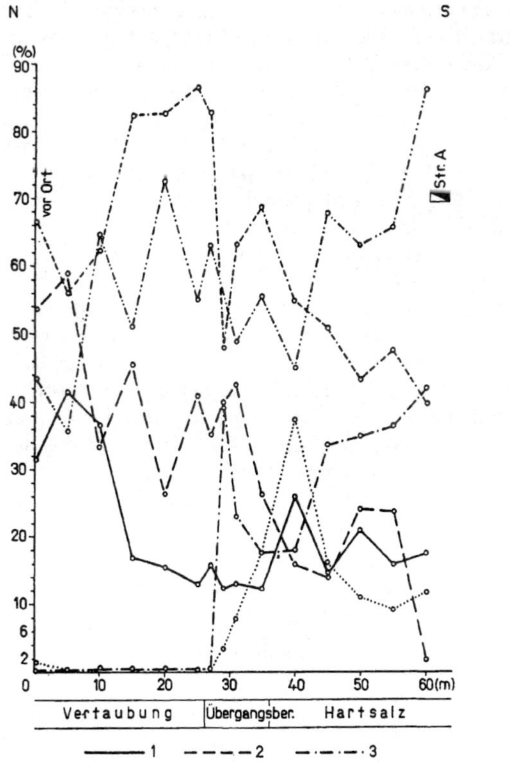

Abb. 6. Veränderung des Chemismus beim Übergang vom Hartsalz zur Vertaubung

Stratigr. Horizont: K2; Hangendgruppe; VEB Kaliwerk „Glückauf“ Sondershausen, Schacht I, 2. westl. Abt.-Str. nach N ab Str. A

1 – $CaSO_4$ I; 2 – $CaSO_4$ II; 3 – KCl I; 4 – KCl II; 5 – NaCl I; 6 – NaCl II

I – hangender Streckenhorizont, II – liegender Streckenhorizont, Vertikalabstand: 2,3 m

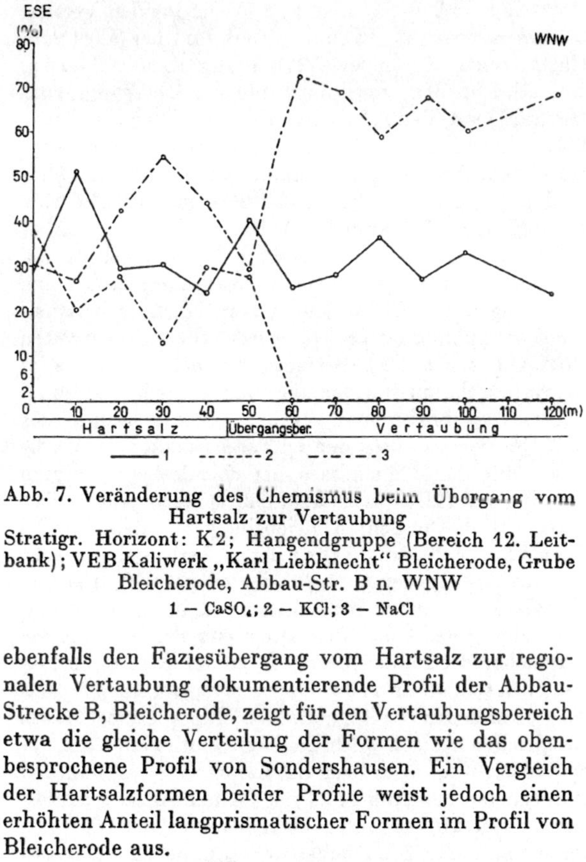

Abb. 7. Veränderung des Chemismus beim Übergang vom Hartsalz zur Vertaubung

Stratigr. Horizont: K2; Hangendgruppe (Bereich 12. Leitbank); VEB Kaliwerk „Karl Liebknecht“ Bleicherode, Grube Bleicherode, Abbau-Str. B n. WNW

1 – $CaSO_4$; 2 – KCl; 3 – NaCl

Im Profil der Diagonale, Sondershausen, dominieren im Hartsalz die pseudokubischen Quarze und das Dihexaeder, während in der Vertaubung die langprismatische Form VI mit 71% vorherrschend ist und vor allem auf Kosten der Formen II und III zunimmt. Beim Profil des Abbaus 34 nach S, Bleicherode, ist im Gegensatz zu den anderen Profilen zwischen Hartsalz und Vertaubung keine wesentliche Veränderung der Formen der GRIMMschen Wachstumsreihe festzustellen. Die Form I der idiomorphen Quarze wurde nur einmal im Hartsalz der Diagonale, Sondershausen, gefunden.

Der Habitus der idiomorphen Quarze zeigt, daß in allen Proben in der Ausbildung der Kristalle Verzerrungen auftreten. Parallelverwachsungen und Kristallaggregate sind ebenfalls häufig. Das bevorzugte Wachstum zweier gegenüberliegender Prismenflächen führt bei einigen Quarzen zu einer plattigen Ausbildung der Kristalle, eine Erscheinung, die zu einer Vortäuschung gedrungener Formen führen kann. Zwillingsbildungen sind selten. Häufig konnten in den Quarzen Einschlüsse festgestellt werden, die durch Dünnschliffuntersuchungen als feinstkörniger Anhydrit II identifiziert wurden.

4. Zusammenfassung und Auswertung

Entgegen der von GRIMM (1962, 1964) vertretenen Meinung kommt es auch in den leichtlöslichen Stein- und Kalisalzen zur Abscheidung der Kieselsäure und zu einem geordneten Wachstum zu Quarzkristallen. Der L:B-Quotient dieser idiomorphen Quarze wird an zwei Profilen des Übergangs vom Hartsalz zur regionalen Vertaubung und an je einem Profil des Übergangs vom Hartsalz zum Typ III und Typ IV der lokalen Vertaubungen untersucht. In einem Profil des Übergangs vom Hartsalz zur regionalen Vertaubung (Sondershausen, 2. westl. Abt.-Str.) sowie im Profil des Übergangs vom Hartsalz zum Typ III (Sondershausen, Diagonale) war dabei ein z. T. steiler Anstieg des L:B-Quotienten vom Hartsalz in Richtung Vertaubung zu beobachten, während im anderen Profil des Übergangs vom Hartsalz zur regionalen Vertaubung (Abbau-Strecke B, Bleicherode) und zum Typ IV (Abbau 34, Bereich-Str. 32, Bleicherode) keine wesentliche bzw. überhaupt keine Änderung des L:B-Quotienten vom Hartsalz in Richtung Vertaubung festgestellt wurde. Im letztgenannten Übergang liegen die L:B-Quotienten des Hartsalzes im Gesamtdurchschnitt sogar über denen der Vertaubung.

Diese Ergebnisse sind aus den Untersuchungen des L:B-Quotienten allein nur schwer zu deuten. Ein Vergleich mit den Ergebnissen der chemischen Analysen der gleichen Aufschlüsse (Abb. 6 u. 7) zeigte jedoch, daß sich die L:B-Quotienten gleichsinnig mit dem $CaSO_4$-Gehalt ändern. Dem Anstieg der Anhydritgehalte geht also ein Anstieg der L:B-Quotienten parallel, und den gleichbleibend hohen Anhydritwerten in Hartsalz und Vertaubung des Übergangs zur regionalen Vertaubung in Bleicherode, Abbau-Strecke B, entsprechen die in beiden Faziesbereichen mehr oder weniger um einen Mittelwert pendelnden L:B-Quotienten dieses Aufschlusses. Desgleichen steigen auch die L:B-Quotienten zum anhydritischen Kern des Typs III entsprechend an, während zum tonigen Zentrum des Typs IV kein Anstieg zu verzeichnen ist. Hierzu muß noch bemerkt werden, daß entsprechend dem relativ hohen $CaSO_4$-Gehalt des Hartsalzes von Bleicherode auch die L:B-Quotienten im allgemeinen größer sind als z. B. im Hartsalz von Sondershausen, das generell einen niedrigeren $CaSO_4$-Anteil aufweist.

Aus diesen Beobachtungen geht hervor, daß den mit der Kieselsäure in Lösung befindlichen Komponenten eine hemmende oder stimulierende Bedeutung für die Kieselsäureausfällung zukommt und daß sich im K 2 des Südharzes speziell die Anwesenheit des $CaSO_4$ begünstigend auf das Größenwachstum des Quarzes ausgewirkt hat. Der Habitus der idiomorphen Quarze hängt also nicht allein vom inneren Aufbau der Kristalle ab, auch das jeweils herrschende Bildungsmilieu (Lösungsgenossen, physikalisch-chemische Bedingungen des Wachstumsprozesses; BECKE 1907; DOELTER 1914; FEDOROW 1908; KALB 1923, 1928, 1933; KLEBER 1956; ROSENBUSCH 1908; TERTSCH 1926) übt einen entscheidenden Einfluß auf die Bildung der idiomorphen Quarze aus. So werden Tracht und Habitus der Quarze bereits durch Fundort und Vorkommen charakterisiert (KLEBER 1956). Auf die speziellen Beispiele angewandt würde dies bedeuten, daß die Ausbildung der Quarze durch die örtlich variierenden, spezifischen Einflüsse, vor allem des $CaSO_4$, in Hartsalz und Vertaubung während der Quarzgenese modifiziert wird und daß die idiomorphen Quarze im Kaliflöz „Staßfurt" des Südharz-Kalireviers während der Zeit, in der das Kalilager durch die eindringenden NaCl- und $CaSO_4$-haltigen Metamorphoselösungen umgebildet wurde, auskristallisierten. Die gegenüber dem Hartsalz in der Vertaubung größeren L:B-Quotienten weisen im Zusammenhang mit dem bereits besprochenen $CaSO_4$-Gehalt und den Bildungsbedingungen der Quarze auf die heutigen Vertaubungsgebiete als Ausgangspunkt der Faziesdifferenzierung hin. Die Vertaubungen als Bereiche größter Umbildungen müssen zwangsläufig entsprechend den in diesen Gebieten am meisten migrierenden Metamorphoselösungen die höchsten $CaSO_4$-Gehalte und damit größten L:B-Quotienten aufweisen.

Im Hartsalz lassen dagegen in weiterer Entfernung (bis ca. 200 m) von der Vertaubung in Richtung Carnallitit die Migration und Zufuhr der Metamorphoselösung und damit der Metamorphoseprozeß nach, so daß der $CaSO_4$-Gehalt abnimmt. Somit müssen im Hartsalz bei einer normalen Entwicklung gegenüber der Vertaubung zwangsläufig auch niedrigere L:B-Quotienten auftreten.

Aus diesen Betrachtungen und den in Kapitel 1 genannten Bildungsbedingungen der Quarze ergibt sich für die untersuchten Aufschlüsse, daß die Faziesdifferenzierung, die zur Bildung der regionalen Vertaubung und des Typs III geführt hat, in einem frühen Stadium der Diagenese stattgefunden haben muß (die hohen L:B-Quotienten des Hartsalzes aus der Abbau-Strecke B, Bleicherode, ergeben sich durch die starke $CaSO_4$-Beeinflussung desselben). Die Bildung des Typs IV fand erst statt, als das Hartsalz bereits in seiner heutigen Fazies vorlag. Für diese Annahme spricht der im Hartsalz und in der Vertaubung dieses Typs mit dem Hartsalz der Abbau-Strecke B übereinstimmende L:B-Quotient, der durch die im Zusammenhang mit der Toneinpressung eindringenden, ebenfalls $CaSO_4$-haltigen Lösungen nicht mehr beeinflußt werden konnte.

Zusammenfassung

Der Längen-:Breiten-(L:B-)Quotient der im Hartsalz und den Vertaubungen des K 2 im Südharz-Kalirevier auftretenden idiomorphen Quarze wird in horizontalen Profilen über den genannten Salzwechsel hinweg untersucht. Es ergeben sich eindeutig Abhängigkeiten zwischen dem Hartsalz und den Vertaubungen, wobei diese Abhängigkeit in bezug auf das Größenwachstum der idiomorphen Quarze im wesentlichen vom jeweiligen $CaSO_4$-Gehalt des Salzes mitbestimmt wird. Auf Grund dieser Tatsache unternimmt Verfasser den Versuch einer genetischen Schlußfolgerung.

Der Weg der Vermessung der idiomorphen Quarze dürfte auch bei anderen stratigraphischen Arbeiten in salinarer Fazies Erfolg haben.

Резюме

Исследуются частные деления длины на ширину (L:B) встречающихся в твердой соли (хартзальц) и в обеднениях К 2 калийного района южного Гарца идиоморфных кварцев в горизонтальных разрезах над названным чередованием солей. Были получены однозначные зависимости между твердой солью (хартзальц) и обеднениями, причем эта зависимость в отношении роста по величине идиоморфных кварцев существенно определяется содержанием в соли $CaSO_4$. На основе этого факта автор пытается сделать заключения по генезису.

Метод замера идиоморфных кварцев мог бы иметь успех и при других стратиграфических работах в соляной фации.

Summary

The length: width quotient of idiomorphic quartzes occurring in the hard salt and K2 impoverishments of the Southern Hartz potash district is investigated in horizontal sections beyond the change of salt mentioned. Clear dependences between hard salt and impoverishments are found, with the respective $CaSO_4$ content of the salt mainly taking part in determining this dependence as far as the growth of size of the idiomorphic quartzes is concerned.

The method of surveying idiomorphic quartzes may also be successful in other stratigraphical studies made in a saliniferous facies.

Literatur

BAAR, A.: Entstehung und Gesetzmäßigkeiten des Fazieswechsels im älteren Kalilager am westlichen Südharz unter besonderer Berücksichtigung des Kaliwerkes Bismarckshall. – Kali, verw. Salze u. Erdöl, 38, 1944 (1945).
BECKE, F.: Über die Kristalltracht. – Verh. Ges. dt. Naturforsch. u. Ärzte, 79, Dresden 1907.
BIEN, G. S., D. E. CONTOIS & W. H. THOMAS: Removal of soluble silica from fresh water entering the sea. – Geochim. et Cosmochim. Acta, 14, Oxford 1958.
BORCHERT, H.: Ozeane Salzlagerstätten. – Verl. Borntraeger, Berlin 1959.
DOELTER, C.: Handbuch der Mineralogie. – Bd. II, H. 1, Dresden, Leipzig 1914.
DÖHNER, C.: Forschungsbericht Decksteinsalz (1965).
– Genetische Betrachtungen zur Verteilung der Sulfat-Mineralien im Kaliflöz „Staßfurt" des Südharzes. – Vortr. 48. Treffen Fachverb. Miner. u. Tag. Sekt. Kali, Erfurt, Nov. 1967.
FEDOROW, W.: Einfluß verdrängender Beimischungen auf die Kristallisation. – Verh. min. Ges., 1, Petersburg 1908.
GRIMM, W.-D.: Idiomorphe Quarze als Leitmineralien für salinare Fazies. – Erdöl und Kohle, 15, 11 (1962).
– Ausfällung von Kieselsäure in salinar beeinflußten Sedimenten. – Z. dt. geol. Ges., 114, T. 3 (1964).
HARDER, H.: Experimente zur Entstehung der Tonminerale und des Quarzes bei niedrigen Temperaturen. – Vortr. 48. Treffen Fachverb. Miner. u. Tag. Sekt. Kali, Erfurt, Nov. 1967.
HARDER, H., & W. FLEHMIG: Bildung von Quarz aus verdünnten Lösungen bei niedrigen Temperaturen. – Naturwissenschaften, 54, 6 (1967).
KALB, G.: Kristalltracht, Vorkommen und Bildungstemperatur der Mineralien. – Cbl. Miner. (1923).
– Die minerogenetische Bedeutung der Vizinalfiguren des Quarzes. – Cbl. Miner. (1928).
– Beiträge zur Kristallmorphologie des Quarzes I, II, III. – Z. Kristallographie, 86 (1933).
KLEBER, W.: Einführung in die Kristallographie. – Berlin 1956.
KNAPE, H.: Zur Tektonik der Ohmgebirgsgrabenzone im Bereich des „Thomas-Müntzer-Schachtes" bei Holungen. In: Beiträge zur Tektonik des Thüringer Beckens II. – Akademie-Verl., Berlin 1957.
NACHSEL, G.: Quarze als Faziesindikator. – Z. angew. Geol., 12, 6, Berlin 1966.
– Zum Problem der im bergmännisch abgebauten Flözhorizont des Kaliflözes „Staßfurt" auftretenden Vertaubungen im Südharz-Kalirevier. – Unveröff. Diss. geolog. Inst. Bergakad. Freiberg, 1968.
PENSOLD, CH.: Ausbildung und Genese des Decksteinsalzes im mittleren Teil der DDR unter Berücksichtigung der Verhältnisse in Nordostmecklenburg. – Bergakademie, 20, 12 (1968).
ROSENBUSCH, H.: Mikroskopische Physiographie. 2. H. Spezieller Teil. – Stuttgart 1908.
SLAWINSKI, G.: Untersuchungen an wasserunlöslichen Rückständen des Kaliflözes „Staßfurt" im Südharz-Kalirevier unter besonderer Berücksichtigung der Hartsalz/Vertaubungsübergänge. – Unveröff. geolog. Meldearb. geol. Inst. Bergakad. Freiberg, 1967.
TERTSCH, H.: Trachten der Kristalle. – Verl. Borntraeger, Berlin 1926.

W. W. LJACHOWITSCH

Die Akzessorien

Ihre Genese, Zusammensetzung, Klassifizierung und Indikatormerkmale[1])

Referiert von WOLFGANG BEYER, Schneeberg

1. Einleitung

Die Akzessorien treten in den Intrusivgesteinen bekanntlich in äußerst geringen Mengen auf (etwa 0,5% des Mineralbestands). Zu ihrer Untersuchung sind spezielle Anreicherungsverfahren erforderlich. Trotzdem konnten in den Granitoiden bisher 80 verschiedene Akzessorien festgestellt werden. Die Besonderheiten der Zusammensetzung, Form, Färbung, Elementgehalte und der Verteilung dieser Minerale, die von LJACHOWITSCH als besondere Form der Mineraldispersion von Spurenelementen angesehen werden, geben wertvolle Hinweise über den Werdegang, die Erzhöffigkeit und die späteren Veränderungen von Granitoiden.

Der Autor gibt auf der Grundlage einer vieljährigen eigenen Arbeit und einer intensiven Literaturauswertung (870 Literaturhinweise aus aller Welt) sowohl eine detaillierte Beschreibung der Akzessorien von Granitoiden als auch eine Einschätzung des gegenwärtigen Erkenntnisstandes und der Bedeutung dieser Mineralien für die Genese, Erzhöffigkeit und Geochemie von Granitoiden.

Das vorliegende Buch ist die Fortsetzung eines früher erschienenen („Die Akzessorien in den Granitoiden der Sowjetunion") und stellt eine weitgehende Verallgemeinerung der gewonnenen Erkenntnisse dar. Im folgenden sollen einige der wichtigsten Schlußfolgerungen dieser Arbeit herausgestellt werden.

2. Bildungszeit der Akzessorien

Über die Bildungszeit der Akzessorien besteht keine einheitliche Meinung. Sie werden als früh- oder spätmagmatische Bildungen angesehen. Die Arbeiten sowjetischer Petrographen zeigten jedoch, daß die Akzessorien über den gesamten Bildungsprozeß der Intrusiva entstehen können. Dabei kann sich ein akzessorisches Mineral in verschiedenen Mineralbildungsstadien entwickeln. Im frühmagmatischen Bereich ist ihre Anzahl noch relativ gering. Die meisten Akzessorien radioaktiver Elemente, Seltener Erden und seltener Metalle fallen im nachmagmatischen Stadium (autopneumatolytisch, autohydrothermal) an.

Folgende Merkmale können einen Hinweis auf die Bildungszeit der Akzessorien geben:

a. Gehalte der Akzessorien im Gestein

Eine gleichmäßige oder sich gesetzmäßig verändernde Verteilung der Akzessorien spricht für eine primäre Bildung, während eine ungleichmäßige Verteilung auf spätmagmatische Prozesse hinweist, z. B. albitisierte oder vergreiste Granite. Eine Abnahme in den Gehalten einiger Akzessorien (Magnetit, Apatit, Zirkon u. a.) von den älteren zu den jüngeren Intrusionsphasen spricht für eine frühe Kristallisation.

b. Gas-Flüssigkeits-Einschlüsse

Die Bestimmung der Homogenisierung derartiger Einschlüsse z. B. im Epidot weist auf ein breites Temperaturintervall hin.

[1]) Verlag „Nedra" (Moskau 1968), 275 Seiten, 90 Tab., 53 Abb.

c. Akzessorien in veränderten Gesteinen

Das Auftreten von Beryll, Topas, Amblygonit u. a. in vergreisten Graniten deutet auf ihren genetischen Zusammenhang mit postmagmatischen Lösungen hin. Zahlreiche Beispiele beweisen, daß zwischen bestimmten Akzessorien und der Veränderung gesteinsbildender Minerale oder ganzer Gesteine ein enger Zusammenhang besteht (Chloritisierung des Biotits, sekundärer Rutil, Sphen oder Magnetit). In gewissen Fällen sind die Erzakzessorien an Zonen kataklasierter Granite gebunden.

d. Stoffliche Zusammensetzung der Akzessorien

Sie ist eines der zuverlässigsten Kriterien für die Abtrennung zeitlich unterschiedlicher Akzessorien. So verringert sich das Verhältnis $ZrO_2 : HfO_2$ in magmatischen Zirkonen von den älteren prismatischen Kristallen über die jüngeren kurzprismatischen Zirkone bis zu den albitisierten Graniten. In Biotitgraniten unterscheidet sich der magmatisch gebildete Sphen von jüngeren Generationen durch seine Gehalte an Seltenen Erden und Niob. Ähnliche Verhältnisse lassen sich für Monazit, Apatit u. a. Minerale nachweisen.

Die Granate der Biotitgranite sind vorwiegend Almandine, während in metasomatischen Graniten der Spessartinanteil höher liegt; letztere enthalten auch größere Gehalte an TiO_2 und CaO. Die stoffliche Zusammensetzung der Akzessorien spielt bei der Klärung ihrer Bildungszeit sowie auch anderer genetischer Probleme eine bedeutende Rolle.

e. Texturell-strukturelle Lage

Die Orientierung von Biotit und Zirkon in feinen Fließschichten weist auf eine magmatische Genese hin. Die Anpassung von Sphen, Apatit, Turmalin u. a. an Interstitienräume deutet auf nachmagmatische Bildungen. Akzessorien in Haarrissen, die gesteinsbildende Minerale durchsetzen, sprechen für eine postmagmatische oder z. T. hydrothermale Entstehung.

f. Färbung, Größe und Form der Kristalle

Typisch für zahlreiche Akzessorien ist das Beispiel des Apatits. Durchsichtige, prismatische Apatite in gesteinsbildenden Mineralen und selbständige Minerale sind magmatische Bildungen. Kurzprismatische bis taflige, hellgrünliche Apatite als Interstitienbildung gehören zur spätmagmatischen Phase. Unregelmäßige oder koronaartige Apatite von milchig-weißer Färbung sind metasomatische Bildungen. Apatite mit dunklen pleochroitischen Kernen (Anhäufungen kleinster Biotit- oder Chloritschüppchen) sind Produkte hybrider Granite.

g. Zonalität

Zirkone, Orthite, Turmaline u. a. haben oftmals einen Zonarbau, was wahrscheinlich auf eine metasomatische Bildung zurückgeführt werden kann. Diese Tatsache wird auch u. a. durch zonare Zirkone in albitisierten Graniten und Pegmatiten bestätigt.

h. Umwachsungen

Auch sie sind Merkmale des relativen Alters der Akzessorien sowie die vielfach anzutreffenden Ausheilungen. So werden z. B. Ausheilungen von zerbrochenen Zirkonen durch Magnetit beobachtet.

i. Einschlüsse von Akzessorien in gesteinsbildenden Mineralen

Diese Einschlüsse können nur dann als frühe Bildung angesehen werden, wenn sie nicht Zerfallsprodukte ihrer Wirtsminerale sind. Einschlüsse von Zirkon, Monazit, Apatit u. a. sind meist älter als der Mineralwirt, während die Einschlüsse von Rutil, Sphen und Magnetit im Biotit, ferner Fluorit, Epidot und Apatit im Plagioklas meistens jüngere Bildungen sind. In unklaren Fällen spielen Form und Stoffbestand der Mineraleinschlüsse sowie ihre Orientierung in Spaltbarkeitsflächen des Wirtsminerals eine Rolle.

Interessant ist auch das Verhältnis der porphyrischen Einsprenglinge zu den Akzessorien in Effusionen. Nach Untersuchungen des Autors in nordkaukasischen Lipariten können folgende Verhältnisse beobachtet werden:

a) Akzessorien in den Einsprenglingen und nicht in der porphyrischen Grundmasse; älteste Generation: Sphen, Epidot, Thorit u. a.;

b) Akzessorien nur in der Grundmasse; jüngere Generation: Markasit, Uraninit, Molybdänit, Turmalin usw. und

c) Akzessorien zweier Generationen in Einsprenglingen und Grundmasse, wobei die Entwicklung der jüngeren Generation überwiegt: Zirkon, Apatit, Granat u. a.

k. Assoziationen

Oftmals sind die Akzessorien an die Biotite gebunden, was allerdings nicht als Altershinweis gelten kann, da die Genese des Biotits früh- oder spätmagmatisch sowie autometasomatisch sein kann. Interessant ist auch die quantitative Seite dieser Orientierung der Akzessorien auf gesteinsbildende Minerale. In Graniten Südkaliforniens (ZIMMERLE 1963) sind z. B. 21% der Zirkone an Biotit, 37% an Plagioklas, 38% an Quarz und 4% an die Interstitienräume gebunden.

3. Akzessorien und Intrusivbildung

In der vorliegenden Arbeit werden die genannten Merkmale mit einer Vielzahl von Beispielen beurteilt und geordnet. Nach einer kritischen Einschätzung der Klassifikationen kommt der Autor zu der Schlußfolgerung, daß eine Dreiteilung der Akzessorien, die auf den geochemischen Besonderheiten der Granitoide aufbaut, den Anforderungen vollkommen genügt. Deshalb werden die Akzessorien der seltenen Elemente (Monazit, Xenotim, Columbit, Uraninit, Beryll, Zirkon u. a.), die Akzessorien der Erzelemente (Sulfide, Oxide, Wolframate, Molybdate u. a. von Zn, Pb, Mo, Bi, Cu, As, Fe usw.) und die einfachen Akzessorien (vorwiegend Al- und Ca-haltige Nichterzminerale, wie Granat, Cordierit usw.) unterschieden. Etwa 30 akzessorische Mineralien und Mineralgruppen werden auf 140 Seiten eingehend beschrieben, wobei je nach internationalem Kenntnisstand sowohl Kristallographie, Form, Farbe, Genese, Gehalte an petrogenen Elementen und Spurenelementen betrachtet werden.

Unter Beachtung der unterschiedlichen Genese und den einzelnen akzessorischen Generationen zeigt der Autor die Möglichkeiten der Verwendung typischer Merkmale für die Lösung einiger petrologischer und metallogenetischer Probleme der Granitoide auf. Es wird ausführlich gezeigt, wie die Besonderheiten der Akzessorien (Farbe, Form, Elementgehalte usw.) eine Widerspiegelung der Intrusivbildung darstellen und diese Mineralien daher als Indikatoren für die geologischen Prozesse angewendet werden können. Aus einer Vielzahl von Beispielen der Literatur und nach eigenen Untersuchungen gelangt der Autor zu dem Schluß, daß angesehen werden können:

1. die Form und der Habitus der Akzessorien als Indikatoren für eine schnelle Abkühlung der Intrusivmasse, für die magmatische Genese der Granite, für den Chemismus des Milieus und für die Bildungszeit der Kristalle;

2. die Färbung der Akzessorien als Indikatoren für die Genese und die stoffliche Zusammensetzung und

3. der Stoffbestand der Akzessorien als Indikatoren für Bildungszeit, Genese, Erzhöffigkeit der Intrusionen für Korrelationsbeziehungen zu gleichen Akzessorien anderer Generationen, petrogenen Elementen usw.

Diese Indikatoreigenschaften werden auch für andere Merkmale der Akzessorien, wie Zonalität, Einschlüsse, Größe u. a., untersucht.

Im allgemeinen ist bekannt, daß die Granitoide heterogene Bildungen sind, die in drei genetisch unterschiedliche Gruppen eingeteilt werden können, und zwar in Granitoide palingener Magmen, in Differentiationsprodukte basischer Magmen und in metasomatische Granitoide. Diese unterschiedliche Genese spiegelt sich nicht nur in den texturell-strukturellen Beziehungen oder ihrer Erzhöffigkeit wider, sondern auch in den Akzessorien, die die geochemischen Besonderheiten ihres umgebenden Milieus abbilden. Deshalb können sie als zuverlässige Indikatoren verwendet werden.

Je nach dem Ausgangsmagma ergeben sich stoffliche Unterschiede zwischen gleichartigen Gesteinen (z. B. zwischen Granodioriten und Quarzdioriten). Die Granodiorite und Quarzdiorite der Gabbro-Peridotit-Formation sind durch niedrige Gehalte an Nb, U, W, Zr, Mo, Pb, Zn und Seltenen Erden in den Akzessorien gekennzeichnet. Gleichzeitig treten in letzteren hohe Gehalte an V, Ti, Cr, Mg (Zirkon, Magnetit u. a.) und Sr (Apatit) auf. Die Granodiorite und Quarzdiorite der Granitformation zeichnen sich dagegen durch erhöhte Gehalte an Zr, Nb, U, Th, W, Mo, Pb, Zn und Seltenen Erden aus.

In palingenen Dioriten bilden die Zirkone oftmals abgerundete Formen und in Dioriten der Gabbro-Peridotit-Formation isometrische Körner. Die Zirkongehalte in Biotitgraniten von Geosynklinalzonen haben oftmals konstante Gehalte von etwa 134 g/t (Variationskoeffizient 99%). In hybriden Graniten nehmen dagegen die Gehalte (304 bis 1050 g/t) zu, und die Ungleichmäßigkeit der Verteilung wächst (Variation 270%).

Eine nichtmagmatische Genese ist meist für die präkambrischen Granite anzunehmen. Für sie sind im Gegensatz zu den postkambrischen Graniten sehr hohe Gehalte an Apatit (bis 5 kg/t), Sphen (bis 4 kg/t), Orthit (bis 1,2 kg/t) und insbesondere Granat (bis 47 kg/t) typisch. Auf die hohe Bedeutung der Kalimetasomatose präkambrischer Granite weisen die erhöhten Gehalte an Xenotim und Monazit, das Auftreten von ungewöhnlichen Granitmineralien (Tscheffkinit, Yttrialit usw.) und die weite Verbreitung von Sillimanit, Cyanit, Graphit, Cordierit und Andalusit hin.

Eine zeitliche Differenzierung ist besonders bei den Granaten zu verzeichnen. Die postkambrischen Granite enthalten Granate mit einer Zusammensetzung von 28% Spessartin- und 4% Pyropkomponenten. Die Granate präkambrischer Granite führen dagegen 2,5% Spessartin- und 15% Pyropkomponenten. Dieser Granat nähert sich stofflich den Granaten der Paragneise. Wenn in normalen Biotitgraniten der Turmalin durch typischen Schörl vertreten wird, so sind die Turmaline präkambrischer Granite durch einen hohen Dravitanteil ausgezeichnet.

Auch die unterschiedliche Genese von Alaskaiten findet ihre Widerspiegelung in den Akzessorien. Die in den Endetappen vielphasiger Granitintrusionen auftretenden Alaskaite sind besonders mit tonerdereichen Mineralen (Disthen, Sillimanit, Staurolith u. a.) angereichert, die hier häufiger als in Biotitgraniten auftreten. Die metasomatischen Alaskaite besitzen eine stärkere mineralfazielle Vielfalt. So sind insbesondere erhöhte Gehalte an Fluorit typisch. Ferner treten seltenere Akzessorien, wie Bastnäsit, Yttrialit, Rinkolit, Loparit, Perowskit usw., auf. Durch Umwandlung von Biotiten und Plagioklasen und die dadurch frei werdenden Elemente entstehen größere Mengen an Magnetit, Sphen, Apatit, Epidot und Granat, deren Gehalte zuweilen höher als in den normalen, unveränderten Biotitgraniten liegen.

Die leukokraten Granite der jüngeren Intrusionsphasen sind an Mg, K, Ca, Ti und Fe sowie deren Akzessorien verarmt. Sie sind dagegen reich an U, Nb, Li, W und Mo. Leukokrate metasomatische Granite (aus Biotitgraniten entstanden) sind durch Ca- und Ti-haltige Minerale (Epidot, Sphen u. a.) und tonerdereiche Akzessorien (Andalusit, Sillimanit, Cordierit, Spinell usw.) gekennzeichnet. In den leukokraten metasomatischen Graniten können auch Baryt und Cölestin auftreten, wobei Barium und Strontium aus sich zersetzenden Feldspäten abgeleitet werden.

Die genannten Beispiele und eine Vielzahl anderer, die der Autor aufzählt, beweisen, daß bestimmte Merkmale der Mineralzusammensetzung eine Unterscheidung von magmatischen und metasomatischen Granitoiden erlauben. Folgende Unterscheidungsmerkmale werden angeführt:

1. das Vorhandensein von Reliktmineralien der metamorphen Serien (abgerundete Zirkone und Monazite; Andalusit, Sillimanit, Disthen und Apatit mit schwarzen dispersen Einschlüssen);

2. das Vorhandensein von skelettartigen, korrodierten und koronaartig wachsenden Kristallen, Reichtum an braunen zirtolithischen Zirkonen, die oftmals zonar sind;

3. äußerst ungleichmäßige Verteilung der Gehalte an Akzessorien;

4. Vorhandensein von ungleichgewichtigen Mineralassoziationen (z. B. Scheelit — Wolframit, Monazit — Sphen usw.);

5. Vererbbarkeit der geochemischen Besonderheiten der Muttergesteine durch die Akzessorien (Mg-Turmalin und Granat; geringe Th-Gehalte im Monazit der Sedimente; hohe Gehalte an Cr, Ni, Co, Ti und V im Magnetit usw.).

Großes Interesse rufen die Ausführungen des Autors zum Problem der Erzhöffigkeit von Granitoidintrusionen hervor. Die Besonderheiten der Verbreitung und die Gehalte an Erzelementen und ihren Akzessorien beweisen, daß die Erzführung der Granitmagmen eine Folge zahlreicher Ursachen sein kann.

Die Erzführung kann mit einer primären Erzspezialisierung als Folge geochemischer Besonderheiten eines

Teils der Lithosphäre zusammenhängen. Im Vergleich zu den CLARKE-Werten treten erhöhte Spurenelementgehalte und eine relativ gleichmäßige Verteilung dieser Elemente im Granit auf. Die Akzessorien entstehen nur dann, wenn eine Sättigung der Wirtsmineralien und Elementkonzentratoren erreicht ist, so daß das Erzelement eigene Akzessorien bilden kann. So enthalten z. B. die Zirkone und Sphene von Granitmassiven mit Wolframvorkommen stets Wolfram. Zinnführende Granite führen, außer Kassiterit, erhöhte Gehalte von Zinn im Biotit, Turmalin und insbesondere im Sphen. Deshalb sind die erhöhten Gehalte an entsprechenden Erzakzessorien und Erzelementen in den Wirtsmineralien ein mineralogisches Merkmal einer primären Erzspezialisierung.

Die Erzführung kann die Folge einer Assimilation von sedimentärmetamorphen Serien sein. Jedoch ist die Rolle der assimilativen Anreicherung des Granitmagmas mit Erzelementen nach Untersuchungen des Autors und auch nach Literaturhinweisen verschwindend gering. So fehlen z. B. in hybriden Gesteinen die Akzessorien der seltenen Elemente fast vollzählig.

Die Untersuchungen des Autors beweisen, daß die Menge der Erzakzessorien im Granit nicht nur von der primären Erzspezialisierung abhängt, sondern auch von den Besonderheiten der Zusammensetzung der gesteinsbildenden Mineralien, die die Dispersion der Spurenelemente in deren Kristallgittern hemmen oder begünstigen können, und vom Grad der Veränderung des Granits durch postmagmatische Prozesse.

Die gesteinsbildenden Mineralien sind infolge ihrer Zusammensetzung und Struktur die Träger zahlreicher Spurenelemente (Tab. 1), die isomorph im Kristallgitter dieser Minerale eingebaut sein können.

Tab. 1. Die Verbreitung einiger Spurenelemente in Mineralien der Granite (in Prozenten vom allgemeinen Gehalt im Gestein)

Minerale	Li	Nb	Ta	U	Zr	TR	Ti	Mo	W	Zn	Pb	Sn
Biotit	90	83	68	15	30	10	65	5	6	75	5	80
Feldspäte	10	–	–	45	20	30	–	92	80	20	80	–
Akzessorien	–	17	20	40	50	50	35	3	15	5	15	20

Anm. TR – Seltene Erden (Lanthaniden und das Yttrium)

Wenn sich ein großer Teil der seltenen und Erzelemente in den gesteinsbildenden Mineralien konzentriert, so resultiert daraus eine Abnahme der entsprechenden Akzessorien. Entsprechend den bestehenden Vorstellungen über die Akzessorien als Indikatoren der Erzhöffigkeit sind derartige Gesteine hinsichtlich der Vererzung wenig perspektivisch. Gleichzeitig können bei gleichen Ausgangsgehalten der betrachteten Elemente die physikochemischen Kristallisationsbedingungen zur Bildung geringerer Mengen von Biotit oder zu Veränderungen seiner Zusammensetzung führen. Die Möglichkeiten einer isomorphen Dispersion werden also begrenzt.

Infolgedessen treten größere Mengen an entsprechenden Akzessorien auf, und das Gestein wird hinsichtlich einer Vererzung perspektivisch.

Eine derartige, umgekehrte Abhängigkeit wird vom Autor durch zahlreiche Beispiele belegt. Granite mit seltenmetallischen Pegmatiten enthalten z. B. weniger seltene Elemente als Granite ohne derartige Pegmatite. In Graniten mit hohen Gehalten an Sphen und besonders an Biotit dispergiert Nb und Ta hauptsächlich im Kristallgitter dieser Minerale, und die Bildung entsprechender Akzessorien wird gehemmt. Dagegen haben biotitärmere Alaskaite und leukokrate Granite wesentlich größere Mengen an Tantal-Niobaten als Akzessorien. Die Granite mit reichlich Ca-führenden Akzessorien enthalten keine Minerale der Seltenen Erden, da letztere im Sphen, Granat, Epidot und Apatit dispergieren. Die bekannte Zunahme der Mineralien von Mo, W, Ta, Nb, U, Th, Li, Be und Seltenen Erden in den jüngeren Granitphasen ist eventuell auch damit zu erklären, daß diese jüngeren Granitphasen an entsprechenden Mineralkonzentratoren dieser Elemente verarmt sind (Biotit, Sphen, Plagioklas u. a.).

Das alleinige Auftreten von Erzakzessorien kann jedoch noch nicht auf die Erzführung von Intrusionen hinweisen, sondern die erhöhten Elementgehalte in diesen Akzessorien und den Wirtsmineralien, wie Biotit, Plagioklas u. a. Insbesondere wird nochmals auf die metallogenetische Bedeutung von Biotit in dieser Hinsicht aufmerksam gemacht.

Bei gleichen Ausgangsgehalten an Spurenelementen im Gestein wird durch spät- und postmagmatische Prozesse, die den Biotit zerstören, eine Migration von Elementen hervorgerufen, die zur Anhäufung von sekundärem Magnetit, Rutil, Kassiterit und Tantal-Niobaten führt. In diesem Fall kann das Gestein als „erzführend“ angesehen werden. Nicht zufällig hängt ein großer Teil der Erzvorkommen und -lagerstätten namentlich mit derartig veränderten Graniten zusammen.

Bei relativ gleichen Gehalten an Erzelementen wird also ihre Bindungsform als isomorphe Dispersion oder Beimengung oder als selbständige Akzessorien von den Kristallisationsbedingungen, den Besonderheiten der Zusammensetzung der Wirtsmineralien dieser Elemente und vom Grad der Veränderung der Granite durch postmagmatische Prozesse abhängen. Eine ungünstige Zusammensetzung der gesteinsbildenden Mineralien oder ungünstige physikochemische Kristallisationsbedingungen (Redoxpotential usw.) können die isomorphe Dispersion der Elemente hemmen. Sie werden sich dann in den postmagmatischen Lösungen konzentrieren. In diesem Fall besitzt weder das Gestein noch das Wirtsmineral erhöhte Gehalte an Spurenelementen. Den Einfluß des kristallchemischen Faktors auf die Abtrennung der Elemente aus kristallisierenden Magmen dokumentiert anschaulich der erhöhte Gehalt an Akzessorien in Alaskaiten und leukokraten Graniten, d. h. Gesteinen, in denen die Wirtsmineralien verarmen. Für diese Gesteine ist eine gleichmäßige Verteilung der Erzelemente und ihrer Akzessorien typisch.

Geochemisch konnte in den letzten Jahren bewiesen werden, daß in unveränderten Graniten aus den verschiedensten Gegenden der Welt die Elementgehalte um etwa das 2- bis 3fache schwanken. In spät- bis postmagmatisch veränderten Graniten treten dagegen beträchtliche Schwankungen auf (Kassiterit = 600- bis 2300fach, Zirkon = 300- bis 200000fach usw.). Ein typisches Merkmal veränderter Granite ist der Wechsel von elementarmen und -reichen Zonen. Die veränderten indischen Granite enthalten bis zu 40 kg/t Uraninit, die

Zeitschrift für angewandte Geologie, Bd. 15 (1969), Heft 8

Granite Nigerias bis 3,7 kg/t Columbit usw. Mit diesen sekundär veränderten Graniten hängt also eine sekundäre Erzführung zusammen. Typische Merkmale dieser Granite sind dabei eine starke Gehaltsvariation an Spurenelementen und Akzessorien, geringe Gehalte an Erzelementen in den Wirtsmineralien und Konzentratoren sowie eine allgemeine metasomatische Veränderung der Gesteine.

Diese wenigen Angaben weisen auf die bedeutende Rolle hin, die die postmagmatischen Prozesse und insbesondere die leichtflüchtigen Komponenten bei der Zerstörung der gesteinsbildenden Mineralien spielen müssen. Die Elemente werden ausgelaugt und umgelagert, wofür der Autor zahlreiche Beispiele für Cu, Fe, Mo, W, Sn, Zn, Pb und Nb bringt. Da in den gesteinsbildenden Mineralien der Granitoide 70 bis 90% der gesamten Spurenelemente konzentriert werden, wird vom Autor die Vorstellung wahrscheinlich gemacht, daß diese Mineralien die wesentlichsten Quellen der Erzsubstanz darstellen. Bei der Veränderung der Granite erfolgte eine Mobilisation gewaltiger Mengen dieser Elemente, und ihre Umlagerung konnte zu wirtschaftlich großen Lagerstätten führen. Die hohen Lagerstättenkonzentrationen können nicht einfach mit beliebigen Graniten zusammenhängen. Sie sind vielmehr an deren autopneumatolytisch oder hydrothermal veränderte Varietäten gebunden. Dieses Merkmal kann gleichzeitig als Suchkriterium eine Verwendung finden. Die Möglichkeit einer derartigen Mobilisierung wird verständlich, wenn die Elementmengen betrachtet werden, die in 1 km^3 unveränderten Granits auftreten (Tab. 2). Es sollte dabei nicht vergessen werden, daß in Lagerstätten weniger als 0,01% der gesamten Erzelemente der Erdkruste konzentriert sind.

Tab. 2. Die Gehalte einiger Elemente in 1 km^3 unveränderten Granits

Element	CLARKE-Wert in Granitoiden		Gehalt, in tausend Tonnen	Element	CLARKE-Wert in Granitoiden		Gehalt, in tausend Tonnen
	%	g/t			%	g/t	
Li	0,004	40,0	112,0	Ti	0,23	2300,0	6440,0
Nb	0,003	30,0	84,0	Mo	0,0001	1,0	2,8
Ta	0,00035	3,5	9,8	W	0,0015	15,0	42,0
U	0,00035	3,5	9,8	Zn	0,006	60,0	168,0
Zr	0,02	200,0	560,0	Pb	0,002	20,0	56,0
TR	0,035	350,0	980,0	Sn	0,0003	3,0	8,4

Die seltenen Elemente sind in den Granitoiden in dreierlei Form gebunden, und zwar in atomarer Dispersion, in isomorpher Dispersion, in den gesteinsbildenden Mineralien und in Mineraldispersion. Die Feststellung der Bindungsformen ist ein nicht zu vernachlässigender Faktor; denn nicht nur die Besonderheiten der Elementgehalte in den Graniten spielen eine Rolle, sondern auch die spezifische Rolle der einzelnen Bindungsformen. In den letzten Jahren wurden in der Sowjetunion die Wirtsminerale und Elementkonzentratoren für einige Elemente untersucht (Sn, Nb, Ta, Li, Rb, Zn, Mo u. a.). Bei Arbeiten ähnlicher Art wurden meist nur die gesteinsbildenden Mineralien und einige der verbreitetsten Akzessorien untersucht. Hieraus kann sich eine fehlerhafte Einschätzung der spezifischen Rolle einiger Mineralien entwickeln, wie am Beispiel der Seltenen Erden gezeigt wird.

Noch in den dreißiger Jahren war man der Meinung, daß die Seltenen Erden nur in den Pegmatiten konzentriert werden. Heute ist bekannt, daß die Seltenen Erden in zahlreichen Akzessorien der Granite auftreten können. Außerdem können relativ seltenere Akzessorien (Uraninit, Thorit, Fergusonit, Pyrochlor usw.) Elemente der Seltenen Erden konzentrieren, und zwar mitunter beträchtlich (Euxenit aus Graniten des Bergaltai — 21,32% TR_2O_3). Ferner existiert eine größere Gruppe von Ca-haltigen Akzessorien (Granat, Epidot, Apatit, Sphen usw.), in denen Seltene Erden isomorph auftreten. Nach den bisherigen Untersuchungen werden die Elemente der Seltenen Erden in den gesteinsbildenden Mineralen nur in Form von Mikroeinschlüssen gebunden.

Die Verbreitung der seltenerdigen Mineralien ist in den Granitmassiven ungleichartig. In ostsajanischen Graniten bindet der Monazit (857 g/t) 90% aller Seltenen Erden; die übrigen Akzessorien sind arm an diesen Elementen. In Graniten Osttransbaikaliens bindet der Monazit (308 g/t) nur 32% aller Seltenen Erden; 32% dieser Elemente sind an die gesteinsbildenden Minerale und der Rest an die übrigen Akzessorien gebunden. Die Untersuchungen zeigen, daß die Rolle von Orthit und Monazit als Konzentrator Seltener Erden weniger groß ist, als früher angenommen wurde. Bestimmenden Einfluß auf die Verbreitung der Seltenen Erden besitzen auch Sphen und die Plagioklase.

Ungeachtet ihrer Kleinheit enthalten die Akzessorien größere Mengen von Gas-Flüssigkeits- und kristallinen Einschlüssen, die für mineralogisch-geochemische Fragen eine große Bedeutung haben. Die Einschlüsse von Akzessorien in gesteinsbildenden Mineralen sind weit verbreitet und bekannt. Der Autor weist nach, daß die Spurenelemente in einem gesteinsbildenden Mineral oftmals nicht isomorph gebunden, sondern mit den Akzessorien verbunden sind, die feinste Mikromineralien bilden. Ferner wird an vielen Beispielen gezeigt, daß die Akzessorien selbst noch feinste Mikromineralien enthalten können. Bei 500- bis 2000fachen Vergrößerungen werden im Zirkon noch Apatite und Zirkonmikrolithe gefunden, die regellos oder orientiert auftreten. Im Sphen können Mikroeinschlüsse von Zirkon, Apatit und Magnetit auftreten. Die erhöhten Gehalte an radioaktiven Elementen im Zirkon werden ja meist mit isomorpher Verdrängung erklärt. Es konnten jedoch auch feinste mechanische Einschlüsse von Uraninit und Thorit in Zirkonen nachgewiesen werden. Im Megrinsker Pluton wurde Molybdän in vielen Akzessorien (Apatit, Zirkon, Monazit, Uraninit u. a.) nachgewiesen. In den meisten Fällen war Molybdän jedoch nicht isomorph beigemengt, sondern in submikroskopischen Mo-Mineralen gebunden.

Vom Autor wird deshalb darauf aufmerksam gemacht, daß nicht immer auf eine isomorphe Beimengung eines Elements in einem gesteinsbildenden oder akzessorischen Mineral geschlossen werden darf, sondern daß die Untersuchung der Spurenelemente in Magmatiten und Mineralien auch die Mikromineralien beachten muß. Hieraus ergeben sich wesentliche Anforderungen an die Reinheit des zu analysierenden Materials und an spezielle Aufbereitungsverfahren.

4. Schlußbetrachtungen

Der Autor nennt zahlreiche offene Fragen, die auf dem Gebiet der Akzessorien noch einer Klärung entgegensehen. So müssen u. a. der Grad der Dispersion der Gehalte an Akzessorien, das Wesen der normalen und lognormalen Verteilung der Gehalte der Akzessorien, die Korrelationsbeziehungen und die Indikatoreigenschaften der Akzessorien noch weiter untersucht werden. Außerdem sind derartige Studien auch auf basische und alkalische Gesteine sowie auf effusive und metamorphe Bildungen auszudehnen.

Insgesamt gibt das vorliegende Buch eine ausgezeichnete Zusammenfassung über die Beziehungen zwischen Akzessorien und gesteinsbildenden Mineralien und die damit verbundenen geochemischen Fragen zur Klärung genetischer Probleme der Intrusivbildung und der Erzhöffigkeit von Granitintrusionen. Es ist allen denen wärmstens zu empfehlen, die sich mit Fragen der Petrologie, Geochemie und Metallogenie beschäftigen.

Untersuchung der Verkarstung eines Kalksteingebiets mittels kernphysikalischer Bohrlochmessungen

GYÖRGY VITÁLIS, Budapest

Im Rahmen der Kalksteinforschungen für die Donau-Zement- und Kalkwerke in den Jahren 1965 bis 1967 wurden im westlichen Teil des Nagyszál-Bergs bei Vác (Cserhát-Gebirge, Ungarn) insgesamt 28 Kernbohrungen mit 3950 m Gesamtlänge abgeteuft. Einige Ergebnisse der intensiven geologischen Erkundung sind in den 1968 bis 1969 publizierten Studien (VITÁLIS 1968, 1969; VITÁLIS & HEGYI-PAKÓ 1968) enthalten. Die vorliegende Mitteilung beschränkt sich auf die Behandlung der im Untersuchungsgebiet vorgefundenen Karsterscheinungen, soweit diese im Endergebnis der geologischen Erkundung und anhand in den Bohrungen ausgeführter kernphysikalischer Bohrlochmessungen zu ermitteln waren.

In den Bohrlöchern beobachtete Karsterscheinungen

Ein beträchtlicher Teil des Untersuchungsgebiets kann wegen der Sandsteindeckschicht (VITÁLIS 1969) als verborgener Karst angesprochen werden. Durch Erkundungsbohrungen wurden Kenntnisse über die Mächtigkeit der Sandsteindeckschicht sowie über die Kavernen und die größere Risse ausfüllenden Einlagerungen gewonnen. Durch kernphysikalische Bohrlochmessungen (natürliche Gammastrahlung, Gamma-Gamma- und Neutron-Gamma-Messungen), die die Fachabteilung für Geophysik der Nordungarischen Betriebsleitung in Miskolc des Landesamtes für geologische Forschung, Budapest, in den Bohrlöchern durchgeführt hat, konnten im Kalksteinkomplex die Lage der Kavernen und die der tonigen und zerklüfteten Abschnitte ermittelt werden. Abb. 1 zeigt die Aufnahme im Bereich der Karstbildung.

Der Nachweis von Kavernen, Klüften, Hohlräumen und größeren Rissen ist auf Grund des starken Ausschlags der Gamma-Gamma-Kurve und der Neutron-Gamma-Kurve möglich, während das Ansteigen der natürlichen Gammastrahlung auf tonige Zwischenlagerungen schließen läßt. Bei Kavernen, die mit Ton ausgefüllt sind, ist der Neutron-Gamma-Pegel niedrig; die zerklüfteten Gesteinsabschnitte werden durch geringes Ansteigen des Gamma–Gamma-Pegels angezeigt (SEBESTYÉN & MORVAI 1967).

Die Mächtigkeit der Sandsteindeckschicht sowie die Untersuchungsergebnisse der im Kalksteinkomplex enthaltenen Kavernen, die mit Ton ausgefüllten und die klüftigen Abschnitte, ferner die Sandeinlagerungen in den Kavernen sind auf der sogenannten Karstbildungskarte (Abb. 2) graphisch dargestellt. Der geologische Aufbau des Gebiets ist aus dem geologischen Längsschnitt ersichtlich (Abb. 3).

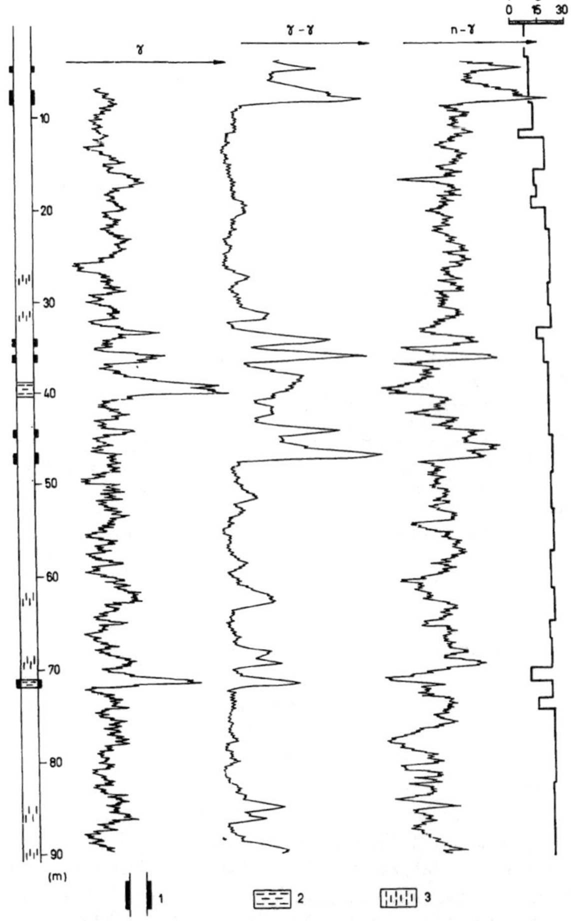

Abb. 1. Geophysikalisches Profil der Bohrung III-2 im Nagyszál, Kurven der Gamma-, Gamma-Gamma- und Neutron-Gamma-Messungen sowie des Spülungsverbrauchs während des Bohrens

1 – Kaverne; 2 – tonige Ausfüllung; 3 – zerklüftetes Gestein

Eingang des Manuskripts in der Redaktion: 2. 4. 1969.

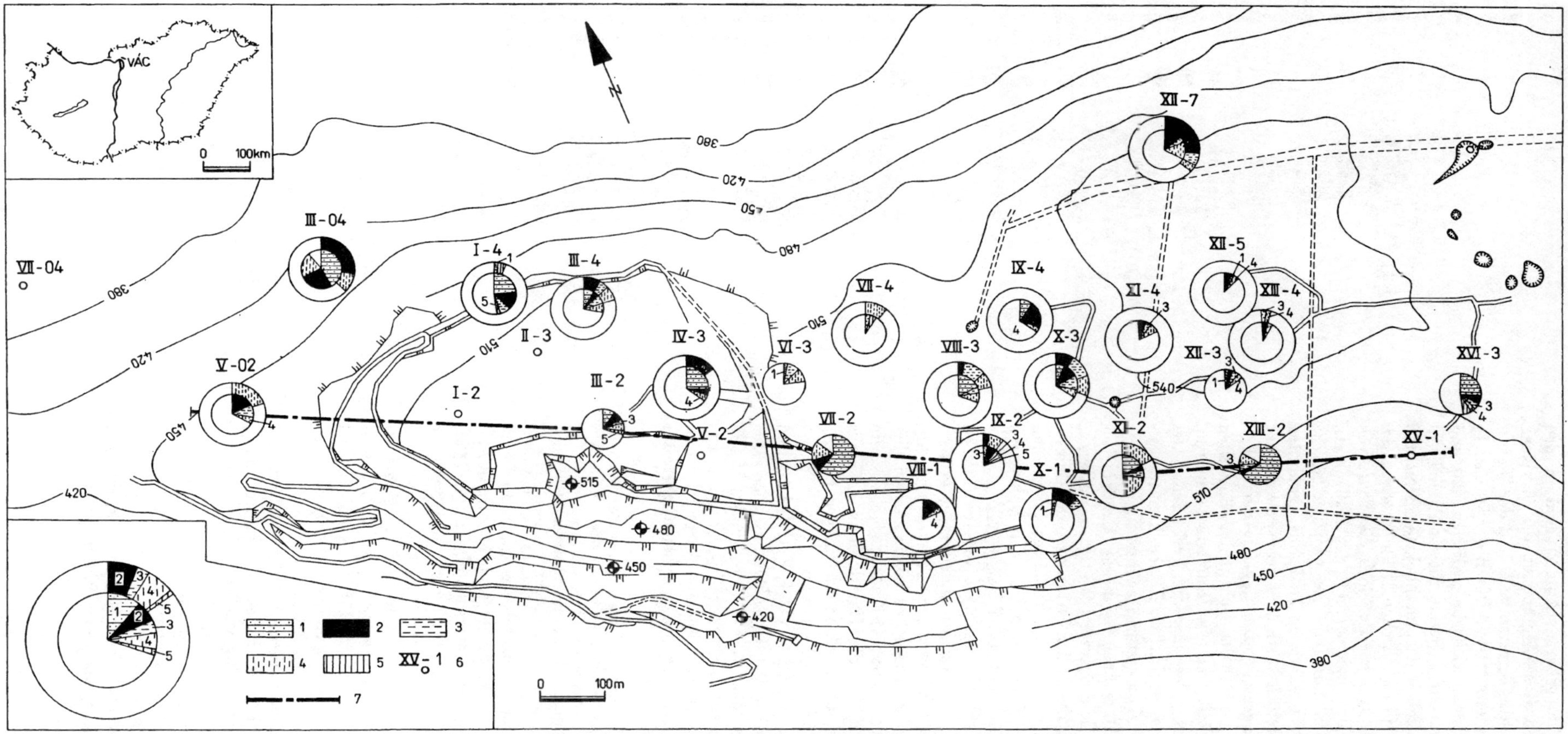

Abb. 2. Verkarstungskarte des westlichen Teils des Nagyszál bei Vác

Zeichenerklärung und Übersichtsdiagramm (unten links). Der innere Kreis zeigt den Teil von der Rasensohle bis 420 m über NN, der äußere Kreis den Teil zwischen 420 und 380 m über NN.
1 – Sandsteindeckschicht; 2 – Kaverne; 3 – tonige Ausfüllung; 4 – zerklüftetes Gestein; 5 – Kaverne, mit Sandstein ausgefüllt; 6 – Bohrung mit teilweiser geophysikalischer Vermessung; 7 – Profillinie

Auf der Karstbildungskarte (Abb. 2) sind in den Innenkreisen bei den Kreisdiagrammen der einzelnen Bohrlöcher die zwischen Terrainniveau und der Tiefenlage 420 m über NN ermittelten Daten dargestellt. In den Außenkreisen finden sich die zwischen 420 und 380 m über NN ermittelten Daten. Sie sind jeweils in Prozenten der Mächtigkeit der durchbohrten Schichten bzw. der mit der geophysikalischen Messung erreichten Tiefe wiedergegeben. Hat ein Bohrloch die Teufe von 380 m über NN nicht erreicht, fehlt der Außenkreis. Bohrlöcher, in denen nur teilweise geophysikalische Messungen erfolgten bzw. deren Teufe die erwähnten Horizonte nicht erreicht hat, sind auf der Karte nur mit einfachem Kreis dargestellt. Die Legende der Abb. 2 dient als Erläuterung der in den Bohrungen ermittelten Deckschichtmächtigkeit und der Karsterscheinungen.

Bei der Auswertung der über die Verkarstung des Untersuchungsgebiets ermittelten Daten konnte festgestellt werden, daß die am stärksten verkarsteten Abschnitte höher als 470 m über NN liegen. Größere Kavernen zeigen sich, wie die Karte bestätigt, vor allem in den Bohrungen, die nahe an den Steilhängen des Gebiets liegen (VIII-1, IX-4 und XII-7). Tiefer als 470 m über NN wurden größere Kavernen nur in den Bohrungen V-02, III-04, IV-3, X-1 und XII-7 festgestellt.

Auf Grund von Profilmessungen der natürlichen Gammastrahlung sind Kavernen andeutende, größere mit Ton ausgefüllte bzw. mit Ton verunreinigte Abschnitte in den Tiefenlagen zwischen 445 und 425 m über NN in den Bohrungen I-2 und II-3 vorhanden. Größere zerklüftete Schichten, die die Karstbildung ebenfalls begünstigen, wurden in denselben Tiefenlagen bei der Bohrung XI-2 ermittelt.

Die Bohrungen I-2, I-4, III-2, VII-4, VIII-1, IX-2 und XVI-3 durchquerten in den Tiefenlagen zwischen 520 und 390 m über NN, also etwa 20, 30, 40, 55, 75, 95 bzw. 105 m unter Rasensohle, Sandstein-, Konglomerat- und Brekzieneinschaltungen, die die verkarsteten Hohlräume des Kalksteinkomplexes in einer Mächtigkeit von 0,1 bis 5,3 m erfüllen (Abb. 2).

Dazu soll bemerkt werden, daß die miteinander wechsellagernden Kalk- und Sandsteinschichten in den oberen Abschnitten der Bohrungen bis zu 48,5 bzw. 38,0 m Teufe nicht als Ausfüllung verkarsteter Hohlräume betrachtet werden können, sondern zur Deckschicht zu rechnen sind.

Die Abb. 2 als Ganzes vermittelt eine gut brauchbare Übersicht über die Deckschicht- und Karstbildungsverhältnisse des gesamten Untersuchungsgebiets. Zwischen dem Terrainniveau und der Tiefenlage 420 m über NN entfallen aus den durch Bohrungen erschlossenen Schichten 11,17% auf den Sandstein- und Konglomeratkomplex, 6,85% auf Kavernen, 3,60% auf tonige Zwischenlagerungen, 5,86% auf zerklüftete Schichten und 0,76% auf Sandsteinausfüllungen der Kavernen. In den Tiefenlagen zwischen 420 und 380 m über NN gestaltet sich der Anteil folgendermaßen: Kavernen 6,17%, tonige Füllschichten 2,51%, zerklüftete Abschnitte 5,32%, mit Sandstein ausgefüllte Kavernen 0,24%.

Wenn man die aus der Latdorf-Periode stammenden Sandsteineinschaltungen in dem norischen Kalkstein berücksichtigt, so lassen sich innerhalb des verkarsteten Komplexes eine präunteroligozäne und eine postoligozäne Karstbildung unterscheiden. Nach den Ergebnissen der Bohrlochmessungen, also nur näherungsweise, be-

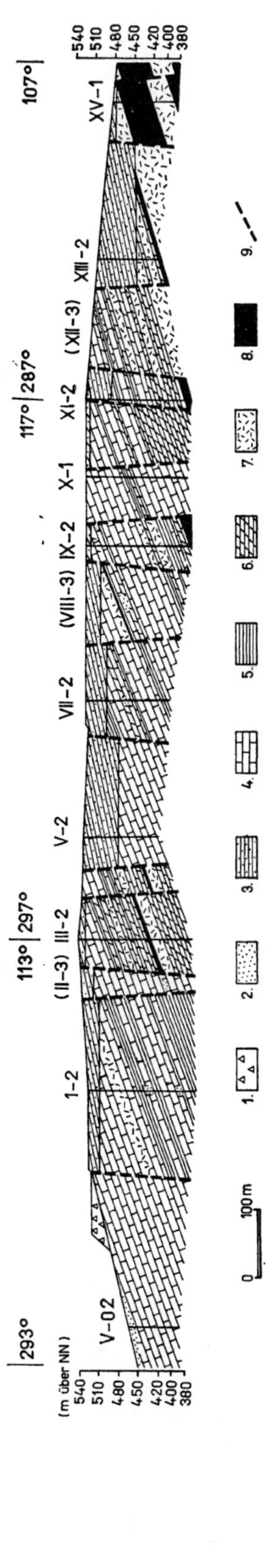

Abb. 3. Geologischer Längsschnitt am westlichen Teil des Nagyszál bei Vác

1 – Halde (Holozän); 2 – Kavernen- und Gesteinsklüfte ausfüllender oder die Oberfläche bedeckender Ton, Schlamm und Sand (Pleistozän); 3 – Sandstein und Konglomerat (Unteres Oligozän); 4 – Kalkstein; 5 – lehmiger und durch Lehm verunreinigter Kalkstein; 6 – dolomitischer Kalkstein; 7 – kalkiger Dolomit; 8 – Dolomit (Obere Trias); 9 – Störung

trägt das Ausmaß der präunteroligozänen Verkarstung im Bereich 420 m über NN 0,76%, das der postoligozänen Verkarstung mit den Kavernen und den mit Ton ausgefüllten Abschnitten insgesamt 10,45%. Zwischen 420 und 380 m über NN entfallen 0,24% auf die präunteroligozäne und 8,68% auf die postoligozäne Verkarstung.

Zusammenhänge zwischen Mächtigkeit der Deckschicht, Dolomitgehalt, Spülungsverbrauch und Verkarstung

Ohne auf die ausführliche Analyse der zur Verfügung stehenden Daten einzugehen, soll im folgenden auf die daraus abgeleiteten, wichtigen Zusammenhänge hingewiesen werden.

Wie die Kreisdiagramme der Abb. 2 zeigen, wird die Verkarstung des Gesteins durch die Mächtigkeit der Deckschicht nicht unbodingt beeinflußt. An Stellen mit mächtiger Deckschicht (Bohrungen IV-3, VIII-3) ist die Karstbildung allgemein geringer. An den Randgebieten, in Nähe der Steilhänge, können jedoch auch stärkere, verdeckte (Bohrung IX-4) oder offene (Bohrungen VIII-1, XII-7) Karsterscheinungen vorkommen. Die stärkere Verkarstung unterhalb 390 m über NN in den Bohrungen X-1 und XII-7 kann auch mit Höhlenbildungseffekten der einst an den Randklüften austretenden Thermalquellen in Zusammenhang gebracht werden. Darauf deuten die in Nähe der Kavernen durchbohrten Kalzitausfüllungen und die mit kaolin- und tonhaltigem Schlamm durchsetzten, stellenweise hydrothermale Zersetzung zeigenden Kalksteinschichten hin.

Nach den vorher getroffenen Feststellungen läßt sich zwischen der Mächtigkeit der Deckschicht und dem Ausmaß der Karstbildung in diesem Gebiet — vor allem wegen des durch Zerklüftung praktisch wasserdurchlässigen Sandstein- und Konglomeratkomplexes sowie wegen der intensiven tektonischen Störungen — kein allgemeingültiger, gesetzmäßiger Zusammenhang ermitteln.

Bei Gegenüberstellung der Schichten in Bohrungen, die die Dolomitschichten durchörterten, mit den dort vorgefundenen Karsterscheinungen konnte folgendes festgestellt werden:

In den dolomitischen Kalksteinen, den kalkigen Dolomitschichten und den wenig Dolomit enthaltenden Schichten der Bohrungen I-4, III-4, IV-3, VII-4, VIII-3, IX-2, IX-4, X-1, XI-2, XII-5, XII-7 und XIII-2 zeigten sich überhaupt keine Karsterscheinungen. Die kernphysikalischen Messungen wiesen nur in den dolomitischen Kalksteinen und in den kalkigen Dolomiten der Bohrungen III-2, VIII-1, X-3, XI-4, XII-3, XIII-4, und XVI-3 die Bildung von Kavernen auf. Ihr Anteil im Verhältnis zu den durchbohrten Schichten beträgt 28,2%. (In der Bohrung XV-1, die in fast reinem Dolomit abgeteuft wurde, erfolgten keine Gamma–Gamma- und Neutron–Gamma-Messungen, deshalb auch keine Daten über die Verkarstung.)

Die Kavernen dieser dolomitischen Schichten betragen nur 2,72% der Gesamtlänge der auch mit kernphysikalischen Bohrlochmessungen erfaßten dolomitischen Schichten. Auch in diesem Fall wird somit bewiesen, daß die Verkarstung der Dolomitgesteine viel weniger stark ist als die der Kalksteine.

Im Laufe der Bohrarbeiten wurde auch der Spülungsverbrauch, durchschnittlich 5 bis 20 m^3 pro Arbeitsschicht, registriert (Abb. 1). Beim Vergleich der mit kernphysikalischen Bohrlochmessungen ausgewiesenen Kavernen mit der Spülungsmenge auf der gleichen Bohrstrecke ergab sich als zusätzlicher Spülwasserverbrauch bei den kleineren Kavernen 2 bis 10 m^3, bei den größeren 15 bis 25 m^3 pro Arbeitsschicht.

Die sprunghafte Veränderung der verbrauchten Spülungsflüssigkeit in den einzelnen Arbeitsschichten zeigt eine Kongruenz sowohl mit dem Verkarstungsgrad und der Bohrbarkeit des Gesteins als auch mit dem Bohrlochdurchmesser. Der Verkarstungsgrad ist durch den Spülungsverbrauch nicht überall eindeutig charakterisierbar; an zahlreichen Stellen zeigt sich jedoch eine gute Übereinstimmung beider Werte.

Zusammenfassung

Verf. unterbreitet die Ergebnisse kernphysikalischer Messungen im Karstgebiet des westlichen Teils des Nagyszál-Berges bei Vác in der Ungarischen VR. Bei der Auswertung der Ergebnisse wird versucht, Gesetzmäßigkeiten bei der Verkarstung festzustellen. In einer Verkarstungskarte kommen die ermittelten Werte in übersichtlicher Form zur Darstellung.

Резюме

Автор сообщает о результатах радиоактивного каротажа в карстовом районе западной части Нагизцаль-Горн у Вак в Венгерской Народной Республике. При интерпретации результатов делается попытка установить закономерности при закарстовании. В карте закарстованности полученные значения изображаются в наглядной форме.

Summary

The author presents results obtained by nuclear physical measurements in the karst region of the western part of the Nagyszál mountain near Vác in the Hungarian People's Republic. An attempt is made to ascertain regularities of processes creating karst phenomena by clearly arranging the values determined in a map.

Literatur

SEBESTYÉN, K., & L. MORVAI: Rißuntersuchungen in Bohrstrecken durch Kalkstein. — Földtani Kutatás, X, 1, 41—46 (1967).

VITÁLIS, G.: Daten zur Verkarstung des westlichen Teils des Nagyszál bei Vác. — Hidrológiai Közlöny, 48, 542—548 (1968).

— Geologische Karten über die Rohstofferkundung für die Steine-und-Erden-Industrie in Ungarn. — Z. angew. Geol., 15, 2, 92—96, Berlin 1969.

VITÁLIS, G., & J. HEGYI-PAKÓ: Geological, Mineralogical and Petrographical Examinations in the Course of Explorations for Binding Raw Materials in the Neighbourhood of Vác. — Acta Univ. Szegediensis Miner. Petr., XVIII, 2, 157—166, Szeged 1968.

Über die Genauigkeit hydrodynamischer Berechnungen

W. W. PERZOWSKI, UdSSR

Die hydrogeologischen Rechnungsparameter bilden die Grundlage für eine Einschätzung von gewinnbaren Grundwasservorräten. Diese Parameter, deren wichtigste die Leitfähigkeit T und der Piezoleitfähigkeitskoeffizient a sind, können am genauesten nach den Werten hydrodynamischer Untersuchungen in den Bohrungen festgestellt werden. Die steigenden Anforderungen hinsichtlich der genauen Feststellung von gewinnbaren Grundwasservorräten zwingen dazu, die Frage nach der Genauigkeit und Zuverlässigkeit der Filtrationsparameter gesondert zu betrachten.

Im Verlauf der Durchführung von Versuchsarbeiten und bei ihrer nachfolgenden Bearbeitung zwecks Bestimmung der Filtrationsparameter kommen systematische und zufällige Fehler vor.

Die systematischen Fehler, die das Resultat nach einer Seite hin verfälschen, kann man dem Charakter ihrer Entstehung nach in folgende Gruppen einteilen: 1. Instrumentenfehler, die mit einem Defekt der Meßapparatur verbunden sind; 2. Fehler, die durch das Vorhandensein von Faktoren bedingt sind, welche die Durchführung des Versuchs erschweren (veränderlicher Zufluß und Wassertemperatur nach Einlassen und Stagnation, Vorhandensein von Gas, Widerstand in den Rohren und in der sohlennahen Zone der Bohrung usw.); 3. Fehler, die durch eine falsche Schematisierung der hydrogeologischen Bedingungen verursacht werden (Fehler bei der Bestimmung der Konfiguration und des Charakters der Grenzen in Aufsicht und Profil); 4. theoretische Fehler, die mit einigen Annahmen oder Vereinfachungen der benutzten analytischen Abhängigkeiten in Verbindung stehen; 5. subjektive Fehler, die eine Folge einiger individueller Eigenschaften des Wissenschaftlers sind.

Das Herausfinden und die Vermeidung solcher systematischen Fehler stellen einen untrennbaren Bestandteil der Ingenieurberechnungen dar. Hauptmethode für das Ausschließen eines systematischen Fehlers ist das Eintragen einer Korrektur mit einem Zeichen in das Ergebnis.

Die zufälligen Fehler bei der Bestimmung der Parameter werden durch das Zusammenwirken vieler Faktoren bedingt. Die Hauptgründe dafür sind Meßfehler und die funktionelle Verbindung der Versuchswerte mit den Ergebnissen, d. h. den Schichtparametern. Einen Grund für das Auftreten zufälliger Fehler stellt außerdem die geologische Uneinheitlichkeit der untersuchten Schicht dar. Ein zufälliger Fehler kann im Gegensatz zu einem systematischen nicht aus dem Resultat ausgeschlossen werden. Die Methoden der Wahrscheinlichkeitstheorie gestatten jedoch, die Größe eines zufälligen Fehlers einzuschätzen und sie zu verringern. Im folgenden wird eine Methode zur Einschätzung eines zufälligen Fehlers bei der Bestimmung der durch graphisch-analytische Methoden gewonnenen Rechnungsparameter einer Schicht dargelegt. Diese Methoden, die in einigen Arbeiten ausführlich aufgezeigt werden (POTSCHENER u. a. 1965; URBACH 1964), erweisen sich als effektiver als die analytischen.

Die graphisch-analytische Methode zur Bestimmung der Schichtparameter besteht aus folgenden Etappen: Eintragen der Versuchspunkte in die Graphik im angenommenen Koordinatensystem, Auswahl eines geradlinigen Abschnitts, Errechnung des Winkelkoeffizienten B und der Anfangsordinate A und Bestimmung der gesuchten Filtrationsparameter. Letztere stehen durch folgende Verhältnisse (POTSCHENER u. a. 1965; URBACH 1964) in Verbindung mit den Parametern der geraden Linie:

$$T = \frac{0{,}183\,Q}{B} \tag{1}$$

$$a = 0{,}445\,R^2 \cdot 10\,\frac{A}{B} \tag{2}$$

Die genannten Verhältnisse (1) und (2) dienen der graphisch-analytischen Lösung der Gleichung, die die quasi vorhandene Filtration bei der Wirkung eines Einzelbrunnens bei unendlichen Grenzbedingungen wiedergibt:

$$S = \frac{0{,}183\,Q}{T} \lg \frac{2{,}25\,at}{R^2} \tag{3}$$

wobei S die Senkung des Spiegels in der Entfernung R vom Brunnen im Moment t ist; Q ist die Ergiebigkeit:

$$T = k_f \cdot m, a = \frac{k_f \cdot m}{\alpha}$$

Die übrigen Zeichen sind bekannt.

Die Versuchspunkte, die in die graphische Darstellung unter den Koordinaten $S - \lg r$ eingetragen werden, müssen einer geraden Linie mit den Parametern A und B nahe kommen. Die empirischen Punkte, deren Anzahl begrenzt ist, zeigen stets eine gewisse Abweichung. Diese Abweichung der Versuchspunkte, die durch Meßfehler und durch die Inhomogenität der Schicht bedingt wird, führt zu einem subjektiven Zeichnen der Geraden, d. h., sie verursacht bei den Rechnungsergebnissen einen Fehler. Die Aufgabe besteht darin, die wirklichen Parameter der Geraden zu finden, die Filtrationsparameter zu bestimmen und ihre Genauigkeit zu bewerten.

Die Auswahl der Parameter der Geraden

Die Erarbeitung der Parameter der Geraden unterscheidet sich in der formulierten Aufgabe nicht von derjenigen, die Parameter der linearen Regression zu be-

Aus: „Geologija i raswedka", H. 12, S. 96–101, Moskau 1967.
Übers.: U. TZSCHORN.

stimmen. Letztere kann durch die Methode der kleinsten Quadrate gelöst werden (WENTZEL 1964).

Ein Umstand muß besonders hervorgehoben werden. Es ist a priori bekannt, daß die Verbindung zwischen S und lg t eine funktionelle ist. Praktisch weicht die Verbindung zwischen den genannten Größen von der funktionellen ab. Als Maß dient für diese Abweichung der einfache Korrelationskoeffizient r, der sich in den Grenzen von $0 < r < 1$ verändert. Bei einer funktionellen Verbindung ist $r = \pm 1$. Es ist völlig klar, daß im gegebenen Falle die Größe des Korrelationskoeffizienten hohe Werte aufweisen muß, die nahe 1 liegen.

Zur Berechnung der Parameter der Geraden wird eine Korrelationstabelle aufgestellt, in der die Ausgangswerte eingetragen und Hilfsrechnungen angestellt werden. Wenn man S mit y und lg t mit x bezeichnet, so besteht die Aufgabe in der Aufstellung einer Regressionslinie der Art:

$$y = A + Bx \qquad (4)$$

Zur Errechnung der gesuchten Parameter A und B muß man vorher die statistischen Kennziffern bestimmen (URBACH 1964):

$$x_1 = \sum_1^n x_i; \quad x_2 = \sum_1^n x_i^2; \quad \bar{x} = \frac{x_1}{n} \qquad (5)$$

$$y_1 = \sum_1^n y_i; \quad y_2 = \sum_1^n y_i^2; \quad \bar{y} = \frac{y_1}{n}; \quad xy = \sum_1^n x_i y_i \qquad (6)$$

In den Formeln 5 und 6 ist n die Anzahl der Messungen, x_i und y_i sind Einzelmeßwerte. Dann ergibt sich bei den angenommenen Bezeichnungen:

$$B = \frac{xy - x_1 y_1/n}{x_2 - x^2{}_1/n} \qquad (7)$$

$$A = \frac{y_1 - Bx_1}{n} \qquad (8)$$

Um die Schätzwerte für die Genauigkeit der Parameter A und B zu begründen, muß man r bestimmen. Aus (4) entnehmen wir:

$$B = r\,\frac{S_y}{S_x} \qquad (9)$$

wobei S_y und S_x entsprechende Standardabweichungen sind, die dementsprechend gleich

$$S_y^2 = y_2 - y_1^2/n; \qquad (10)$$

$$S_x^2 = x_2 - x_1^2/n; \qquad (11)$$

$$r = \frac{nxy - x_1 y_1}{\sqrt{(nx_2 - x_1^2)\,(ny_2 - y_1^2)}} \qquad (12)$$

sind.

Das Genauigkeitsmaß der gesuchten Parameter der Geraden werden wir durch die Standards bestimmen.

Für den Koeffizienten B ist der Standard ungefähr gleich (URBACH 1964):

$$S_B = t_{q,k}\,\frac{S_y}{S_x}\sqrt{\frac{1 - r^2}{n - 2}} \qquad (13)$$

wobei $t_{q,k}$ die Wahrscheinlichkeitskennziffer ist, die bei einer Sicherheit von $q\%$ und einem Freiheitsgrad von $k = n - 2$ nach den Tabellen bestimmt wird (siehe z. B. WENTZEL 1964).

Aus den Gleichungen (9) und (13) ergibt sich der Schätzwert der Genauigkeit für B in Form eines Variationskoeffizienten V_B:

$$V_B = \frac{S_B}{B} = \frac{t_{q,k}}{r}\sqrt{\frac{1 - r^2}{n - 2}} \qquad (14)$$

Bei $t_{q,k} = 1$ bestimmt der Variationskoeffizient den zufälligen Fehler mit einer Wahrscheinlichkeit von etwa 0,68.

Für den Koeffizienten A finden wir den Schätzwert durch $S_{y/x}$, d. h. die mögliche Abweichung der Regressionslinie (4).

$$S_{y/x} = S_{y/x}^{\text{vert}}\sqrt{\left(\frac{x - \bar{x}}{S_x}\right)^2 + 1} \qquad (15)$$

$$S_{y/x}^{\text{vert}} = S_y\sqrt{\frac{1 - r^2}{n - 2}} \qquad (16)$$

Wenn wir berücksichtigen, daß A eine Ordinate bei $x = 0$ ist, erhalten wir aus den Gleichungen (15) und (16)

$$S_A\,\frac{S_y}{S_x}\,t_{q,k}\sqrt{(\bar{x}^2 + S_x^2)\,\frac{1 - r^2}{n - 2}} \qquad (17)$$

Daher ist der relative Fehler V_A gleich

$$V_A = \frac{S_A}{A} = \frac{S_y t_{q,k}}{S_x A}\sqrt{(\bar{x}^2 + S_x^2)\,\frac{1 - r^2}{n - 2}} \qquad (18)$$

oder, wenn man die Formel (9) benutzt,

$$V_A = \frac{B t_{q,k}}{A r}\sqrt{(\bar{x}^2 + S_x^2)\,\frac{1 - r^2}{n - 2}} \qquad (19)$$

Der Schätzwert für die Genauigkeit der Filtrationsparameter

Die gesuchten Filtrationsparameter stehen in funktioneller Verbindung mit den Parametern der Regressionsgeraden. Daher kann man auch für die Bestimmung der Schätzwerte der Genauigkeit T und a die Formel für die Funktion allgemeiner Art (DEMIDOWITSCH & MARON 1960) benutzen. Wenn

$$y = f(y_1;\, x_2;\, \ldots\, x_n) \qquad (20)$$

ist, so ist der mittlere Quadratfehler der Funktion gleich

$$S_y = \sqrt{\left(\frac{\partial y}{\partial x_1}\,S_{x_1}\right)^2 + \left(\frac{\partial y}{\partial x}\,S_2\right)^2 + \ldots + \left(\frac{\partial y}{\partial x_n}\,S_{x_n}\right)^2} \qquad (21$$

wobei $S_{x1}, S_{x2} \ldots S_{xn}$ die mittleren Quadratfehler der Argumente sind.

Wenn man die Formel 21 für die untersuchten Gleichungen 1 und 2 in Anwendung bringt, so erhalten wir

$$V_T = \frac{S_T}{T} = \sqrt{V_Q^2 + V_B^2} \qquad (22)$$

$$V_a = \frac{S_a}{a} = \sqrt{(2V_R)^2 + 5{,}3\,\frac{A^2}{B^2}\,(V_A^2 + V_B^2)} \qquad (23)$$

wobei V_Q und V_R die Variationskoeffizienten entsprechend der Fördermenge und der Entfernung sind.

Beispiel: Nach den Werten der Beobachtung des Spiegels in einer Beobachtungsbohrung sind die Filtrationsparameter zu bestimmen und eine Einschätzung ihrer Genauigkeit vorzunehmen (s. Tab. 1). Nach den Werten der Tab. 1 ergibt sich: $x_1 = 19{,}97$; $x_2 = 33{,}358$; $x = 1{,}664$; $y_1 = 33{,}45$; $y_2 = 93{,}635$; $xy = 55{,}880$.

Die Koeffizienten der Regressionsgeraden sind gleich:

$$B = \frac{55{,}880 - 19{,}97 \cdot 33{,}45/12}{33{,}358 - 19{,}97^2/12} = 1{,}705;$$

$$A = \frac{33{,}45 - 1{,}705 \cdot 19{,}97}{12} = -0{,}05$$

Tab. 1. Beobachtungswerte des Spiegels

Nr. p. p.	S, m (y)	lg t, Stunde (x)	(y^2)	(x^2)	(xy)	Versuchs-bedingungen
1	2,50	1,51	6,250	2,280	3,775	Q = 385 m³/Tag
2	2,55	1,53	6,503	2,341	3,825	(24 h)
3	2,63	1,56	7,023	2,434	4,134	
4	2,68	1,58	7,183	2,496	4,187	V_Q = 6,4%
5	2,75	1,62	7,563	2,624	4,455	
6	2,80	1,66	7,840	2,756	4,648	R = 403,5 m
7	2,82	1,68	7,952	2,822	4,704	
8	2,85	1,72	8,123	2,924	4,873	V_R = 3,4%
9	2,90	1,72	8,410	2,958	4,988	
10	2,98	1,76	8,880	3,098	5,280	
11	3,00	1,81	9,000	3,276	5,430	
12	3,05	1,83	9,303	3,349	5,581	
Σ	33,45	19,97	93,625	33,358	55,880	

Nach den Formeln (1) und (2) bestimmen wir die Filtrationsparameter:

$$T = \frac{0{,}183 \cdot 385}{1{,}705} = 41{,}3\ \text{m}^2/\text{Tag (24 h)}; \quad a = 0{,}445$$

$$\times\ 403{,}5^2 \cdot 10\ \frac{-0{,}05}{1{,}705} = 2{,}1 \cdot 10^6\ \text{m}^2/\text{Tag}$$

Die Regressionsgleichung schreiben wir in der Form:

$$y = -0{,}05 + 1{,}705x$$

Wir bestimmen die Standardabweichungen und den Korrelationskoeffizienten:

$$S_y = \sqrt{93{,}625 - 33{,}45^2/12} = 0{,}626$$

$$S_x = \sqrt{33{,}358 - 19{,}97^2/12} = 0{,}354$$

$$r = 1{,}705\ \frac{0{,}354}{0{,}626} = 0{,}976$$

Wir errechnen weiter den zufälligen Fehler bei der Bestimmung der Parameter der Regressionsgeraden:

$$V_B = \frac{2{,}23}{0{,}976}\sqrt{\frac{1 - 0{,}976^2}{12 - 2}} = 0{,}158$$

da $t_{5,10} = 2{,}13$ [STUDENT-Koeffizient (5)]

$$V_A = \frac{1{,}705}{0{,}05}\ 0{,}158\ \sqrt{1{,}664 + 0{,}354^2} = 9{,}16$$

Wir schätzen die Genauigkeit der Filtrationsparameter nach den Formeln (22) und (23) ein:

$$V_T = \sqrt{0{,}064^2 + 0{,}158^2} = 0{,}171 = 17{,}1\%$$

$$V_a = \sqrt{(2 \cdot 0{,}034)^2 + 5{,}3\left(\frac{0{,}05}{1{,}705}\right)^2 \cdot (9{,}16^2 + 0{,}158^2)}$$

$$= 0{,}622 = 62{,}2\%$$

Folglich ist das 95prozentige Vertrauensintervall für die untersuchten Parameter gleich $41{,}3 \pm 17\%$ oder $34{,}2 < T\ 48{,}4$; $2{,}1 \cdot 10^6 \pm 62\%$ oder $8 \cdot 10^5 < a < 3{,}4 \cdot 10^6$.

Die minimale Anzahl von Versuchspunkten

Im Verlauf der genannten Untersuchung erhielten wir einen Schätzwert der Genauigkeit bei der Bestimmung der Leitfähigkeit (22). Die Berechnungen zeigen, daß die Verbrauchsschwankungen um den Mittelwert unbedeutend sind ($V_B < 10\%$), wenn der Versuch bei einer konstanten Fördermenge vorgenommen wird. Daher wird der zufällige Fehler bei der Bestimmung von T hauptsächlich durch die Größe V_B (14) bestimmt. Wenn wir die Gleichung (14) hinsichtlich n lösen, erhalten wir:

$$n = 2 + \frac{1 - r^2}{V^2{}_B r^2}\ t_{q,k} \qquad (24)$$

Für das fixierte r können wir nun die erforderliche Anzahl der Versuchspunkte bestimmen, die die geforderte Genauigkeit bei der Bestimmung von $B(V_Q)$ garantiert. Die minimale Punktanzahl (Spiegelmessungen) wird bei einer Wahrscheinlichkeit von 0,95 für $r = 0{,}95$ bis 0,99 und $V_B = 0{,}10 \div 0{,}50$ in Tab. 2 aufgeführt.

Tab. 2. Minimale Punktanzahl

r	V_B				
	0,10	0,20	0,30	0,40	0,50
0,95	47	15	8	6	6
0,96	37	13	8	6	6
0,97	29	11	7	6	5
0,98	20	9	6	5	4
0,99	12	6	5	4	4

Die erhaltenen Werte sollte man bei der Projektierung hydrodynamischer Untersuchungen in einer Bohrung verwerten.

Zusammenfassung

Die Bestimmung der hydrogeologischen Parameter muß bei der Erkundung von Grundwasser unter Berücksichtigung der systematischen und zufälligen Fehler vorgenommen werden.

Die objektiven Parameter der Regressionsgeraden sowie den Schätzwert der Genauigkeit der Filtrationsparameter kann man berechnen, indem man die Methoden der Wahrscheinlichkeitstheorie und der Fehlertheorie anwendet.

Eine Analyse der erhaltenen Schätzwerte gestattet es, die minimale Anzahl von Spiegelmessungen zu bestimmen, die notwendig ist, um die Leitfähigkeit mit der erforderlichen Genauigkeit zu bestimmen.

Резюме

Определение гидрогеологических параметров при разведке грунтовых вод должно производиться с учетом систематических и случайных ошибок.

Объективные параметры регрессионной прямой, а также оценочное значение точности фильтрационного параметра можно подсчитать, применяя методы теории вероятности и теории ошибок.

Анализ полученных оценочных значений позволяет указать минимальное количество замеров уровня, которое необходимо для определения проводимости с требуемой точностью.

Summary

Hydrogeological parameters must be determined during the exploration for ground water and must include a consideration of systematic and accidental errors.

The objective parameters of the straight lines of regression and the estimated value of accuracy can be calculated for the parameters of filtration by using methods of the theory of probability and of the theory of errors.

From an analysis of the estimated values obtained the minimum number of level measurements can be determined which is required for ascertaining the conductivity with the necessary accuracy.

Literatur

BOTSCHENER, F. M., I. W. GARMANOW, A. W. LEBEDEW & M. SCHESTAKOW: Die Grundlagen für hydrogeologische Berechnungen. — Nedra, Moskau 1965.

DEMIDOWITSCH, B. P., & I. A. MARON: Grundlagen der Rechnungsmathematik. — Fismatgia, Moskau 1960.

GYLYBOW, M. A.: Die Bestimmung der hydrogeologischen Parameter einer Schicht unter den Bedingungen einer nicht festgestellten Bewegung von Grundwasser. Izw. wysch. utschebn. zawed., geol. i rasw., H. 7 (1966).

URBACH, W. J.: Biometrische Methoden. — Nauka, Moskau 1964.

WENTZEL, E. S.: Die Wahrscheinlichkeitstheorie. — Nauka, Moskau 1964.

Die Auswertung radiometrischer Bohrlochmessungen mit Hilfe numerischer Filterprozesse

R. RÖSLER, Freiberg (Sa.)

(Mitteilung der Sektion Geowissenschaften der Bergakademie Freiberg, Lehrstuhl für Erkundungsgeophysik, Sektionsveröffentlichung Nr. 40)

Für die Erkundung wirtschaftlich verwertbarer Vorräte mineralischer Rohstoffe werden geophysikalische Methoden eingesetzt. Unter diesen besitzen die geophysikalischen Bohrlochmessungen eine beträchtliche Bedeutung. Insbesondere wird die Messung der natürlichen Radioaktivität zur Erkundung von Lagerstätten von Kalisalzen und Strahlungsträgern erfolgreich angewandt. Das primäre Ziel der Messung der natürlichen Radioaktivität in Bohrlöchern für diesen Anwendungszweck ist die Ermittlung der Grenzen und Ausdehnung abbauwürdiger Lagerstätten. Im Verlaufe der Entwicklung wurden diese Messungen auch dazu herangezogen, die Gehalte an nutzbaren Mineralen zu bestimmen.

Zur Auswertung der Bohrlochmessungen sind verschiedene Verfahren bekannt, die meist auf empirischen Gesetzmäßigkeiten zwischen der Schichtmächtigkeit und dem Gehalt an radioaktiver Materie einerseits und der Kurvenform der längs eines Bohrloches gemessenen Gammastrahlenintensität, der Bohrlochgeometrie, der Meßsondengeometrie und den Meßbedingungen andererseits beruhen und nicht streng theoretisch begründet sind (SCOTT, DODD u. a. 1961; LEHNERT & ROTHE 1962; TROMMER 1963). Lediglich ein in der Literatur beschriebenes Verfahren beruht auf einwandfreien theoretischen Grundlagen. In Schichten willkürlich gewählter Mächtigkeit, die senkrecht zur Achse des Bohrlochs orientiert sind, werden die Gehalte radioaktiver Materie so lange variiert, bis die daraus berechnete Gammastrahlenanomalie mit der gemessenen hinreichend genau übereinstimmt. Dieses Iterationsverfahren erfordert einen großen Rechenaufwand und kann nur mit einem schnell arbeitenden Rechenautomaten bewältigt werden (SCOTT 1963).

Während die Gruppe der erstgenannten Verfahren den Nachteil besitzt, daß das Interpretationsergebnis sehr stark von subjektiven Einflüssen abhängig ist, die auch einer Automatisierung der Interpretation erschwerend entgegenstehen, besteht beim zweiten Verfahren der Nachteil eines sehr hohen Rechenaufwands, jedoch nicht die Gefahr einer unkontrollierbaren subjektiven Verfälschung.

Bei dem hier vorgelegten numerischen Filterverfahren werden die Nachteile der subjektiven Beeinflußung und des hohen Rechenaufwands in gleicher Weise wie bei einem vom Verf. früher beschriebenen Verfahren (RÖSLER 1965, 1969) vermieden.

Für die Berechnung von Filterkoeffizienten können die zur Auswertung reflexionsseismischer Registrierungen mit Hilfe der sogenannten „Deconvolution" angewandten Verfahren benutzt werden. Im Gegensatz zu den Aufgabenstellungen der Seismik, bei denen die Signalform meist nur näherungsweise bekannt ist, liegen die Verhältnisse bei der Auswertung radiometrischer Bohrlochmessungen einfacher, da sich die Form der Anomalien bei gegebener Verteilung radioaktiver Materie in der Bohrlochumgebung in relativ einfacher Weise berechnen läßt. In einer späteren Veröffentlichung sollen hierfür neue Formeln angegeben werden, die einfacher als die vom Verf. früher (RÖSLER 1965) angegebenen sind.

Die von einem Strahlendetektor in einem Bohrloch registrierte Gammastrahlenintensität ist abhängig von

Eingang des Manuskripts in der Redaktion: 8. 4. 1969

dem Detektorwirkungsgrad, von den Abmessungen des Detektors, vom Durchmesser (Kaliber) des Bohrlochs, von der Verteilung der radioaktiven Substanzen in der Umgebung des Bohrlochs, vom Ort des Detektors längs der Bohrlochachse und von der Verteilung der Absorptionseigenschaften der Materie im und in der Umgebung des Bohrlochs. Ohne wesentliche Einschränkung der Allgemeingültigkeit der Aussage kann eine so kleine Schichtmächtigkeit gewählt werden, daß die Verteilung der radioaktiven Materie in der Umgebung des Bohrlochs jeweils in Schichten gleicher Mächtigkeit h konstant ist. Weiterhin können die Absorptionseigenschaften μ der Gesteine jeweils als nahezu konstant betrachtet werden. Numeriert man die Schichten mit einem Index n und die jeweils in der Mitte einer Schicht gemessene Zählrate N mit dem Index i, so ist die Zählrate mit den Gehalten g_n (z. B. in Curie/Gramm) durch folgende lineare Gleichung verknüpft:

$$N_i = \sum_n g_n b_{i-n} \qquad (1)$$

wobei die Koeffizienten b_{i-n} abhängig sind von
den Absorptionseigenschaften in der Umgebung,
den angenommenen Schichtmächtigkeiten,
den Detektorabmessungen l,
dem Abstand zwischen Detektor- und Schichtmitte, ausgedrückt durch $i - n$,
dem Detektorwirkungsgrad und
dem Bohrlochdurchmesser.

Diese Koeffizienten b_{i-n} können, wie erwähnt, auf theoretischem Wege berechnet werden. Man kann (1) als unendliches lineares Gleichungssystem auffassen und durch Näherungsverfahren, wie sie z. B. von KANTOROWITSCH & KRYLOW (1956) angegeben werden, berechnen (RÖSLER 1965).

Vorteilhafter ist es jedoch, einen Filteroperator V_p endlicher Länge $2P + 1$ vorzugeben, der es gestattet, mit beliebiger Genauigkeit das Gleichungssystem (1) aufzulösen:

$$g_k = \sum_{p=-P}^{P} V_p N_{k-p} \qquad (2)$$

mit

$$V_p = 0 \quad \text{für } |p| > P$$

Damit ist das Problem der Bestimmung der radioaktiven Gehalte auf eine numerische Filterung zurückgeführt worden.

Die Länge $2P + 1$ des Filteroperators wird durch die vorgegebenen Genauigkeitsforderungen festgelegt. Solche Filteroperatoren wurden bereits mit Erfolg in der Nachrichten-, Radar-, Steuer- und Regelungstechnik, bei der Auswertung reflexionsseismischer Messungen (FORD & HEARNE 1966; ROBINSON & TREITEL 1967 u. a.) und in anderen Fällen, nicht aber bei geophysikalischen Bohrlochmessungen verwendet. Der Filteroperator wird auf folgende Weise bestimmt:

Aus der Kombination der Gleichung (1) und (2) folgt

$$g_k = \sum_{p=-P}^{P} V_p \sum_n g_n b_{k-p-n}$$
$$= \sum_n g_n \sum_{p=-P}^{P} V_p b_{k-p-n} \qquad (3)$$

Da diese Beziehung für beliebige g_n gelten muß, folgt

$$\sum_{p=-P}^{P} V_p b_{k-p-n} = \delta_{k,n} = \begin{cases} 1 \ (k = n) \\ 0 \ (k \neq n) \end{cases} \qquad (4)$$

Wegen der Wahl eines endlichen Filteroperators V_p ($-P \leq p \leq P$) ist die Anzahl der Filterkoeffizienten $2P + 1$ kleiner als die Anzahl der Bestimmungsgleichungen. Das Problem der Bestimmung der Filterkoeffizienten aus der Gleichung (4) kann durch ein Variationsproblem gelöst werden.

Das Variationsproblem, die Quadratsumme der Abweichungen von der Gleichung (4) durch geeignete Wahl der V_p zu einem Minimum werden zu lassen, führt auf ein lineares Gleichungssystem

$$\sum_{p=-P}^{P} V_p \sum_r b_{r-s} b_{r-p} = b_{-s} \qquad (5)$$

mit

$$s = -P, \ -P + 1, \ldots, P - 1, P$$

mit $2P + 1$-Gleichungen zur Bestimmung der $2P + 1$-Koeffizienten V_p. Die auf diese Weise eindeutig bestimmbaren Filterkoeffizienten ermöglichen eine Filterung der in den Mittelpunkten der angenommenen Schichten gemessenen Zählraten zur Berechnung der Gehalte der radioaktiven Substanzen im Sinne der kleinsten Quadrate.

Wegen der Symmetrie der Koeffizienten $b_i = b_{-i}$ kann durch einfache Umformung des Gleichungssystems (5) die Anzahl der Gleichungen auf $P + 1$ reduziert werden.

Die auf diese Weise bestimmten Filteroperatoren werden als Optimalfilter nach WIENER bezeichnet (ROBINSON & TREITEL 1967). Diese haben die Eigenschaft, daß sie die tatsächliche Filterausgangsfunktion (hier die gesuchten Gehalte) beim Auftreten einer vorgegebenen Filtereingangsfunktion (hier die theoretisch berechenbare Anomalie einer Einzelschicht) optimal im Sinne eines Minimums der Fehlerquadratsumme an eine gewünschte Filterausgangsfunktion annähern.

Zusammenfassung

Es wird die Auswertung radiometrischer Bohrlochmessungen mit Hilfe numerischer Filterprozesse beschrieben.

Die Anwendung der numerischen Filterung oder der Deconvolution radiometrischer Bohrlochmeßergebnisse ermöglicht eine Automatisierung der Auswertung mittels Kleinrechenautomaten, die mit großen ökonomischen Vorteilen verbunden ist (siehe auch: HARTMANN & HENKEL 1967).

Резюме

Описывается анализ радиометрического каротажа с помощью численных фильтрационных процессов.

Применение численного фильтрования или деконволюции данных радиометрического каротажа способствует автоматизации анализа с помощью малогабаритных вычислительных машин, приносящей большие экономические выгоды (см. также: ГАРТМАН и ГЕНКЕЛЬ 1967).

Summary

The evaluation of radiometric bore hole surveys by means of numerical filtering processes is described.

The use of numerical filtering or of the deconvolution of results of radiometric bore hole surveys makes possible

Zeitschrift für angewandte Geologie, Bd. 15 (1969), Heft 8

an automated evaluation by means of small automatic computers, which is of important economic advantage (cf. HARTMANN & HENKEL, 1967).

Literatur

FORD, W. T., & H. J. HEARNE: Least-squares inverse filtering. – Geophysics, 31, 5, 917–926 (1966).

HARTMANN, L., & W. HENKEL: Zur Auswertung von Gammalogs aus Untertagebohrungen mit Hilfe von Kleinrechenautomaten. – Z. angew. Geol., 13, 4, S. 212–218, Berlin 1967.

KANTOROWITSCH, L. W., & W. I. KRYLOW: Näherungsmethoden der höheren Analysis. – VEB Dt. Verl. Wiss., Berlin 1956.

LEHNERT, K., & K. ROTHE: Geophysikalische Bohrlochmessungen. – Akademie-Verl., Berlin 1962.

ROBINSON, E. A., & S. TREITEL: Principles of digital Wiener filtering. – Geophys. Prospecting, 15, 3, 311–333 (1967).

RÖSLER, R.: Ein neues Auswerteverfahren für radiometrische Bohrlochmessungen. – Freiberger Forsch.-H., C 180 (1965).

– Новый метод интерпретаций резильтатов гамма-каротажа скважин, Атомная Энергия, Москва, 26, 1969, 4, 337–340.

SCOTT, H. J.: Computer analysis of gamma-ray logs. – Geophysics, 28, 457–465 (1963).

SCOTT, H. J., P. H. DODD u. a.: Quantitative interpretation of gamma-ray logs. – Geophysics, 26, 182–191 (1961).

TROMMER, R.: Die quantitative Auswertung von Gamma-Bohrlochmessungen. – Grundstoffverl., Leipzig 1963.

Stand und Entwicklung der Geowissenschaften in der UdSSR

Auf einer kürzlich in Moskau abgehaltenen Versammlung der Abteilung Geowissenschaften der Akademie der Wissenschaften der UdSSR wurden einige grundlegende Ausführungen gemacht, über die im nachfolgenden kurz berichtet werden soll.

Einleitend unterstrich M. A. SADOWSKIJ die Rolle der Geologie als Produktivkraft. Er wies anhand von Beispielen nach, in welchem Umfang es der Geologie und den Geowissenschaften allgemein früher als anderen Wissenschaften gelungen ist, Produktivkraft zu werden. Die beachtlichen wissenschaftlichen Ergebnisse der neuesten Zeit führen nicht selten direkt zu wichtigen Ergebnissen in der Produktion. Umgekehrt schufen auch die praktischen Arbeiten eine sichere Basis für die Weiterentwicklung der Theorie in der Geologie. Es sei eine wesentliche Aufgabe für die Zukunft, diese Verbindung von Theorie und Praxis immer mehr zu festigen.

G. I. GORBUNOW unterstrich bei Aufzählung der Hauptrichtungen der wissenschaftlichen Untersuchungen das Aufsuchen und die Erkundung von Lagerstätten mineralischer Rohstoffe. Dies ist ein wissenschaftlicher Produktionskomplex geworden, in dem die wissenschaftlichen Untersuchungen den Such- und Erkundungsarbeiten vorangehen, sie begleiten und sie abschließen. Die Steigerung des wachsenden Umfangs dieses Komplexes geht allein schon aus der Tatsache hervor, daß zu den bisher bestehenden fünf wissenschaftlichen Forschungsinstituten etwa zwei Dutzend neue mit ihren Filialen in Sibirien, Mittelasien und im Fernen Osten hinzugekommen sind. An den Aufgaben, die das Ministerium für Geologie zu lösen hat, arbeiten derzeit etwa 28500 Personen. Unter ihnen sind 230 Doktoren der Wissenschaften und mehr als 2000 Kandidaten der Wissenschaften. Etwa 7,8% des Ministeriumsbudgets entfallen allein auf wissenschaftliche Forschungen.

Dabei gilt das Hauptaugenmerk der Erforschung der mineralischen Rohstoffe, der Feststellung der Gesetzmäßigkeiten in ihrer Verteilung und der prognostischen Einschätzung neuer Gebiete. Zur Behandlung dieser Thematik werden etwa 30% der für wissenschaftliche Forschungen allgemein bewilligten Gelder verwendet.

Von besonderer Bedeutung sind gegenwärtig detaillierte metallogenetische Karten. Dabei wird ganz klar herausgestellt, daß Prognostizieren und Aufsuchen von mineralischen Rohstoffen ohne eingehende Untersuchung der geologischen Situation, der stofflichen Zusammensetzung, der Geochemie der Erze, der Zonalität der Lagerstätten, der primären und sekundären Aureolen usw. nicht möglich sind. Die Lösung dieser Fragen erfordert eine enge Zusammenarbeit der Forschungsstätten und Erkundungsbetriebe mit den Akademieinstituten und eine tatkräftige Mithilfe der Hochschulen. Gleichlaufend werden ökonomische Untersuchungen für die geologischen Erkundungsarbeiten durchgeführt.

Geophysikalische Forschungen werden ununterbrochen erweitert und vervollständigt. Der gegenwärtige Trend läuft darauf hinaus, mit modernsten Apparaturen Meeresuntersuchungen bis zu 1000 m Tiefe und mehr sowie Untersuchungen von Erzlagerstätten bis zu Teufen von 500 m zu entwickeln.

Eine immer breitere Anwendung in der Geologie finden mathematische Methoden. Das Fehlen einer Systematik und festen Standardisierung der geologischen Terminologie hemmt jedoch derzeit noch den effektiven Nutzen.

E. T. SCHATALOW beurteilt den Stand der geologischen Untersuchtheit des Territoriums der UdSSR. Die in den letzten Jahren herausgegebenen geologischen Karten bedecken ein größeres Gebiet als das der USA. Es wurde eine neue methodische Anleitung zur Anfertigung geologischer Karten im Maßstab 1 : 50000 ausgearbeitet. Die neuen Anforderungen verpflichten die Bearbeiter nicht nur zu einer Oberflächenaufnahme, sondern auch zur Kennzeichnung tiefer Horizonte in Verbindung mit der Anfertigung eines Komplexes geologischer, struktureller, geophysikalischer und anderer Horizonte. Auch Rohstoffkarten und metallogenetische Karten sind erforderlich. Vorgesehen ist eine maximale Koordinierung und Komplettierung der geologischen, geophysikalischen, geochemischen u. a. Forschungsmethoden. Ihre Komplettierung und die Zusammenfassung von Karten unterschiedlichen geologischen Inhalts (darunter der Karten mineralischer Rohstoffe, der metallogenetischen Karte, der Karte der Kohlenakkumulation und der Erdöl- und Erdgasführung) sind gegenwärtig das Hauptprinzip der Anfertigung geologischer Karten der UdSSR. E. T. SCHATALOW unterstrich die Notwendigkeit, die oberen Teile der „Granitschicht" in den Teufenbereichen, die in den kommenden Jahren für die praktische Nutzung zugänglich sind, zu untersuchen. Das Tiefbohren soll nicht nur in Form von Supertiefen- oder Basisbohrungen in den erdöl- und erdgasführenden Gebieten der Plattformen und Tafeln, sondern auch zur Untersuchung tieferer Horizonte der Faltengebiete in den wichtigsten Erzbezirken des Landes durchgeführt werden.

Auf Grund der regionalgeologischen Forschungen konnten allgemeingültige Gesetzmäßigkeiten zwischen der Blockstruktur der Russischen und Sibirischen Tafel und der Konzentration endogener Lagerstätten zwischen den Blöcken und in den Grenzbereichen der Tafeln festgestellt werden. Die Vorstellung von der Bindung granitoider Intrusiva an das mittlere Stadium der Entwicklung von Geosynklinalgebieten wurde korrigiert.

Die große Bedeutung der Prozesse tektonischer Aktivierung in der endogenen Erzbildung wurde festgestellt. Es konnten neue Angaben zur Metallogenie der östlichen Gebiete der UdSSR erhalten werden. Ferner wurde die Feststellung getroffen, daß die ripheisch-kambrischen Sedimentationsbecken für die Erschließung von Eisen-, Mangan- und Phosphorlagerstätten in den spätbaikalischen Faltenmassiven von Bedeutung sind und daß es möglich ist, Kieslagerstätten nachzuweisen, die mit vulkanogenen Spilit-Diabas-Formationen des Devons und oberen Paläozoikums verbunden sind.

Als allgemeine Probleme sind die Vergrößerung von Tiefe und Umfang der regionalen Untersuchungen, die Präzisierung der geochronologischen Skala, die Methoden der Formationsanalyse auf alle geologischen Bildungen und die

Nach W. I. KASANSKIJ & W. I. STAROSTIN: „Geologija rudnych mestorosdenij", Nr. 3 (1968).

Anwendung der EDV bei petrochemischen Untersuchungen zu nennen. Auf dem Gebiet der Metallogenie gelten als wichtigste Aufgaben:

1. Festlegung der Typen metallogenetischer Provinzen und Zonen und vergleichende Untersuchung der Typen der erzführenden Flächen;
2. Entwicklung von Gedanken zur tektonischen Aktivierung;
3. detaillierte Untersuchung der Metallogenie der Erzreviere;
4. Untersuchung untertägiger Laugen als Faktoren der Zerstörung oder Bildung von Lagerstätten;
5. Ausarbeitung einer Lagerstättenklassifikation in Verbindung mit einer Systematisierung der erzführenden Flächen.

I. S. Roskow u. a. beschäftigten sich mit der Geologie und Technologie mineralischer Rohstoffe und unterbreiteten die Tendenzen der Hauptergebnisse im Erkennen der Bildungsbedingungen und der Verteilung magmatischer (Cu-, Ni-, Pt-, Cr-, Diamanten-) und postmagmatischer (Cu-, Pb-, Zn-, Au-, Sn-, Hg-, Sb-) Lagerstätten sowie Lagerstätten seltener und disperser Metalle. Er unterstrich dabei die breite Anwendung chemischer und physikalischer Methoden und deren ökonomischen Nutzen.

W. L. Barsukow und A. G. Wolosow beschäftigten sich mit der Entwicklung geochemischer Prognosemethoden am Beispiel der Sulfid-Kassiterit-Lagerstätten, die gestatten, die physikalisch-chemischen Bildungsbedingungen der Zinnerze zu bestimmen sowie eine experimentelle Untersuchung der möglichen Arten des Zinntransports durch hydrothermale Lösungen vorzunehmen. Es wurde gezeigt, daß sowohl für Quarz-Kassiterit- als auch für Sulfid-Kassiterit-Lagerstätten die wahrscheinlichste Form des Zinntransports der Fluor-Hydroxyl-Komplex ist.

Das Verhalten der Mikroelemente im heterogenen Gleichgewichtssystem wird durch die Gleichung von Nernst beschrieben. Sie wurde von I. D. Rjabtschikow für die Bedingungen der Kristallisation aus Lösungen modifiziert. Seine Interpretation bezüglich der Ablagerung von Sulfid-Kassiterit-Erzen zeigt, daß der Koeffizient der Verteilung von Fluor zwischen den gangnahen Gesteinen und den Gangfüllungen vom Verhältnis des Fluorgehalts in der Aureole zu seinem Gehalt in der Gangfüllung unter Berücksichtigung des Korrekturkoeffizienten bestimmt wird. Die gesetzmäßige Veränderung des effektiven Koeffizienten der Verteilung von Fluor in vertikaler Richtung von der unteren Grenze des Erzkörpers zur oberen und 200 bis 300 m darüber in den Erzkörpern mit verschiedenen linearen Vorräten gestattet, die Abhängigkeit zwischen der Größe des effektiven Koeffizienten der Verteilung von Fluor und der Größe der tieferliegenden linearen Zinnvorräte zu bestimmen sowie eine Formel zur Bestimmung des Korrekturkoeffizienten abzuleiten, der von der Wechselbeziehung der Mächtigkeiten der gangnahen Gesteine und der Gangfüllung abhängt.

Die ausgearbeitete geochemische Prognosemethode der Tiefenvererzung gestattet, bei den meisten Sulfid-Kassiterit-Lagerstätten, ein Ausbracken der Erzzonen vorzunehmen, taube Erzkörper nachzuweisen und die Verteilung der Vorräte im Streichen der Erzkörper zu bestimmen, was für die Erhöhung der Effektivität der geologischen Erkundungsarbeiten von nicht geringer Bedeutung ist.

Die auf der Versammlung gehaltenen Vorträge riefen in der Fachwelt großes Interesse hervor und waren Anlaß zu ausführlichen Diskussionen. Dabei unterstrich A. P. Winogradow die Notwendigkeit, eine physikalisch-chemische Theorie der geologischen Prozesse zu schaffen und eine Perspektivplanung der wissenschaftlichen Untersuchungen der Erde einzuführen. Kurt Kauter

Besprechungen und Referate

Sommerlatte, H. W. A.

„Neue Metalle", ihre Lagerstätten und ihre Bedeutung für die Versorgung der Industrie der Bundesrepublik

„Erzmetall", Jg. 22, H. 3, S. 103–111, März 1969

Unter dem Begriff „Neue Metalle" werden von dem Verf. folgende Elemente behandelt:

1. Tantal, Niob, Beryllium und die Seltenen Erden,
2. Titan, Zirkonium und Vanadium.

Nach Schilderung der Lagerstättenverhältnisse der genannten Elemente werden die Produktionsverhältnisse anhand eingehender statistischer Daten für die Jahre 1961, 1963 und 1966 untersucht. Anschließend geht der Verf. auf die Anwendungsmöglichkeiten bei den gegenwärtigen Preisverhältnissen ein und beschäftigt sich mit den Einfuhren nach Westdeutschland, da hier Lagerstätten der behandelten Elemente nicht vorhanden sind. In einer Schlußbetrachtung wird darauf aufmerksam gemacht, daß eine Reihe großer Industrienationen sehr aktiv in der Erkundung und Erschließung neuer mineralischer Rohstoffquellen ist, während in Westdeutschland nur die Eisen- und Stahlindustrie eine vorausschauende Lagerstättenpolitik betreibt, den übrigen mineralischen Rohstoffen aber nur wenig Aufmerksamkeit geschenkt wird. Da die behandelten neuen Metalle zukünftig zweifellos noch größere wirtschaftliche Bedeutung erlangen werden, sollte man sich mehr um die Versorgung mit diesen Rohstoffen bemühen.

Aus dem mit großer Sorgfalt zusammengestellten statistischen Material sind für die Zeit von 1961 bis 1965 bemerkenswerte Entwicklungen abzulesen. Dabei ist jedoch nur selten ein verläßlicher Überblick zu gewinnen, da statistische Angaben über die UdSSR größtenteils und zum Teil auch für die USA fehlen.

Besonders schwierig ist die Erfassung der Niob-Tantal-Konzentrate, bei denen genaue Angaben der Niob- und Tantalgehalte meistens nicht verzeichnet sind. Wurden noch 1960 nur etwa 3200 mt Niob-Tantal-Konzentrate produziert, so waren es 1966 bereits 9760 mt, von denen über 90% aus vorwiegend niobhaltigen Konzentraten bestanden. Sie kommen als Niobit- (Columbit-)Konzentrate vor allem aus den Zinnseifen in Nigeria und als Pyrochlor aus Brasilien (Araxa) und Kanada (Oka in Quebec). Tantalitkonzentrate wurden 1966 vorwiegend in Kongo (Kinshasa), zum geringeren Teil in Brasilien (Sao Joao del Rei) und Moçambique produziert. Für 1966 wurden ohne UdSSR 9100 mt Niobit- und 660 mt Tantalitkonzentrate ausgewiesen. Darin ist jedoch das in Zinnschlacken aus Thailand und Malaysia enthaltene Tantal nicht erfaßt, das manchmal mit Gehalten von 3 bis 4% Ta_2O_5 und darüber zugegen ist. Beispielsweise importierten die USA 1966 4630 mt Schlacken mit durchschnittlich 5,5% Ta_2O_5.

Besonders unzuverlässig ist die Statistik der Seltenen Erden. Für den als Kernbrennstoff nutzbaren Monazit fehlen Angaben aus der UdSSR und den USA. Ohne diese Länder ergaben sich 1961 8850 mt Monazit und 1966 7200 mt mit etwa 25 bis 27% Ce_2O_3, insgesamt 55 bis 65% Seltene-Erden-Oxide; ferner 6 bis 10% ThO_2. Von dem in diesen Angaben nicht enthaltenen Bastnäsit vom Mountain-Paß in Kalifornien wurden 1967 11500 mt Seltene-Erden-Oxide in Form von Flotationskonzentraten mit 50% Oxid gewonnen. Damit ist dieses Vorkommen, das eine Lagerstätte von Kalzit, Baryt und Bastnäsit mit 5 bis 15% Seltene-Erden-Oxiden darstellt, zum größten Lieferanten von Seltenen Erden geworden. Als bedeutendste Monazitproduzenten weist die verfügbare Statistik Indien und Australien aus, ferner Malaysia, Madagaskar und Brasilien. 1962 bis 1963 wurden in Südafrika 2080 mt Monazit gewonnen, jedoch wurde die Produktion wieder eingestellt.

Die steigende Bedeutung des Ilmenits als Titanrohstoff geht daraus hervor, daß 1961 noch etwa 2,1 Mill. t, jedoch 1966 bereits über 2,6 Mill. t Ilmenitkonzentrate und Ti-haltige Schlacken (ohne UdSSR) erzeugt wurden. Davon stammen mehr als die Hälfte aus marinen Seifen (50 bis 57% TiO_2U) (Ost- und Westaustralien, Malaysia, Ceylon, Indien, Brasilien und z. T. der SE-Küste der USA). Ilmenitkonzentrat (44 bis 46% TiO_2) aus ilmenitreichen Gesteinen liefern die USA, Norwegen und Finnland. Titanhaltige Schlacken (Sorel-Schlacken mit 70 bis 74% TiO_2) werden vor allem in Kanada erzeugt, in Zukunft sollen sie auch in Norwegen gewonnen werden.

Noch sprunghafter ist der Anstieg der Produktion bei Rutil, wo ohne die UdSSR von 118000 mt 1961 eine Steigerung auf 253000 mt 1966 zu erkennen ist. Da Senegal und Südafrika ihre kleinen Produktionen eingestellt haben, entfällt die starke Aufwärtsentwicklung allein auf die Ostküste Australiens, die mit 284000 mt bei weitem die Spitze vor Indien einnimmt. Sobald ein sehr rutilreiches Vorkommen in Sierra Leone mit etwa 100000 mt jährlich in Produktion gegangen sein wird, ist mit einem weiteren Anstieg der Rutilerzeugung zu rechnen. Bemerkenswert sind noch die Bemühungen australischer Firmen, aus Ilmenitkonzentraten sogenannten synthetischen Rutil, d. h. ein Titanoxid mit über 90% TiO_2, herzustellen, das nicht nur wie natürlicher Rutil technisch leichter und wirtschaftlicher auf Titanweiß verarbeitet werden kann, sondern auch einen geeigneten Ausgangsstoff zur Titanmetallherstellung darstellt.

Da auch Zirkon überwiegend aus marinen Seifen stammt, wo er als wertvolles Nebenprodukt bei der Rutil- und Ilmenitgewinnung anfällt, geht der Produktionssteigerung dieser Rohstoffe ein Anstieg der Zirkonerzeugung parallel. Die Zirkonerzeugung (ohne UdSSR und USA) stieg von 159000 mt im Jahre 1961 auf 243000 mt mit 66 bis 68% ZrO_2 im Jahre 1966. Da zwei größere Produzenten, Senegal und Südafrika, die Produktion einstellten, lag Australien mit 240800 mt bei weitem vor Malaysia, Madagaskar und der VAR an der Spitze der Zirkonerzeuger.

In der Statistik wird für Vanadium der Metallinhalt angegeben. Auch bei diesem Stahlveredler ist ein Anstieg von 7910 mt im Jahre 1961 auf 8440 mt im Jahre 1966 (ohne UdSSR) zu verzeichnen. Mit 4685 mt führt die USA vor Südafrika, Südwestafrika und Finnland, wobei das Vanadium vorwiegend als Nebenprodukt bei der Carnotitverarbeitung auf Uran anfällt. In Finnland werden vanadiumhaltige Magnetite genutzt. Bemerkenswert ist, daß aus der UdSSR mehr und mehr vanadiumhaltige Schlacken in europäische Länder exportiert werden.

Als einziges der behandelten Elemente zeigt Beryllium einen beachtlichen Produktionsrückgang. Die Weltproduktion an Beryllkonzentraten mit 10 bis 12% BeO ist von 11700 mt im Jahre 1961 auf 3265 mt im Jahre 1966 gefallen, wobei außer der UdSSR alle Hauptproduzenten (Brasilien, Argentinien, Uganda, Moçambique, Indien, Madagaskar, Ruanda, Rhodesien) starke Produktionsrückgänge aufzuweisen haben, so daß die UdSSR mit 1090 mt vor Brasilien, Indien, Uganda, Argentinien und Ruanda an der Spitze der Beryllerzeuger liegt.

H. Reh

Siddiqui, M. K. H.

Bleaching Earths

Oxford—New York—Toronto: Pergamon Press Ltd. 1968. 86 S., 21 Abb., 3 Tab.

In einem kurzen Abriß wird über Eigenschaften, Verarbeitung und Verbreitung von Bleicherden berichtet. Der Verf. unterscheidet zwischen geringplastischen, natürlich bleichenden Walkerden (fuller's earths), die ihren Namen einem alten Verfahren zur Reinigung von Wolle verdanken, und mehr oder weniger stark quellfähigen Bentoniten.

Hochwertige Walkerden enthalten oft über 90% Attapulgit bzw. Montmorillonit, untergeordnet auch Beidellit, Hectorit und Sepiolit. Sie können 60 bis 70% Porosität und eine innere Oberfläche von 120 bis 140 m^2/g aufweisen. Bentonite bestehen hauptsächlich aus Montmorillonit, mitunter aus Beidellit, Saponit, Hectorit bzw. Nontronit. Sehr starkes Wasseraufnahmevermögen ist mit thixotropen Eigenschaften verbunden. Geringer quellfähige Meta- oder Subbentonite besitzen nach Aktivierung ähnliche Adsorptivkraft wie Walkerden.

Die Bleicherden haben in der Regel ein geringes geologisches Alter. Sie werden auf Verwitterung magmatischer Gesteine, hydrothermale Umwandlung und marine Sedimentation zurückgeführt. Über die Genese der Tonminerale kommen verschiedene Ansichten zur Diskussion. Mineralstruktur und Adsorptionseigenschaften der wichtigsten Tonminerale werden erläutert.

Weiterhin folgt eine Erörterung über die Aussagekraft moderner Verfahren zur Tonmineralbestimmung, wie chemische Analyse, DTA, Röntgenstrukturanalyse und Elektronenmikroskopie.

Zur Erhöhung der Adsorptionskapazität und zur Erreichung bestimmter wünschenswerter Eigenschaften werden die Bleicherden verschiedenen physikalischen und chemischen Behandlungen unterworfen. Man unterscheidet gewöhnlich zwischen saurer und heißer Aktivierung, die ausführlich beschrieben werden. Aktivierbarkeit und Aktivierungsmethoden sind von komplexen Faktoren abhängig, wie Basennatur, Porosität, Azidität und $SiO_2:Al_2O_3$-Verhältnis, die wiederum von der Tonmineralzusammensetzung bestimmt werden. Für die Löslichkeit der Tonminerale sind Art und Konzentration der Säure, Temperatur und Behandlungsdauer maßgebend. Zahlreiche DTA-Kurven demonstrieren die Bedeutung des Verhältnisses von Ton zu Säure.

Attapulgit und Sepiolit enthalten parallel zu den Amphibolketten Wassermoleküle. Diese werden bei einer Erwärmung auf 300 bis 350 °C ausgetrieben, und es resultiert ohne Strukturänderung eine bedeutende Zunahme der inneren Oberfläche. Die physikalische Struktur ändert sich gewöhnlich bei Temperaturerhöhung auf 500 °C nach Säurebehandlung infolge teilweiser Dehydratation.

Eingehend werden moderne Erkenntnisse über Bleichmechanismus und Bleichung pflanzlicher und mineralischer Öle dargelegt. Unter Bleichung versteht man im wesentlichen eine selektive Adsorption färbender Stoffe an freien festen Oberflächen, die mit der zu entfärbenden Flüssigkeit in Berührung kommen. Die Benetzung des adsorbierenden Feststoffs durch die Flüssigkeit führt zu einer Zunahme von Druck, Dichte und Viskosität an der Grenzoberfläche. Teilweise werden die Wirkungen durch chemische Affinität erhöht. Von Bedeutung sind auch Basenaustauschkapazität, Oxydationsvermögen und andere chemische Reaktionen. In diesem Zusammenhang werden in Ölen und Fetten vorkommende Farbstoffe und Verunreinigungen behandelt sowie Verfahren zu ihrer Beseitigung beschrieben.

Abschließend folgt eine regionale Betrachtung über Größen, Vorratsmengen sowie Produktionsvermögen gegenwärtig bekannter Bleicherdelagerstätten. Dabei werden auch chemisch-mineralogische Zusammensetzungen und Eigenschaften dieser Rohstoffe angegeben.

Das vorliegende Buch hat praktische Bedeutung für die chemische Industrie, untergeordnet für die Keramik. Auch dürfte es für Institutionen, die sich mit der Beseitigung radioaktiver Abfälle befassen, von Interesse sein.

C. Adam

Gealy, E. L., & T. A. Davies

The deep sea drilling project

„Geotimes", 14, Nr. 2, 10—12, Febr. 1969

Die von dem amerikanischen Bohrschiff „Glomar Challenger" aus dem Golf von Mexiko und dem westlichen Nordatlantik geborgenen Bohrkerne aus Tiefen zwischen 2800 und 5350 m haben sich nicht nur als wichtige Hilfsmittel der Meeresgeologie erwiesen, sondern auch anderen Geowissenschaften entscheidendes Tatsachenmaterial geliefert. Das ozeanographische Forschungsschiff ist in den Jahren 1967/1968 erbaut worden und hat seine erste Reise vom 11. August bis zum 23. September 1968 erfolgreich beendet.

Das 120 m lange und 19,5 m breite Bohrschiff hat 10500 t Wasserverdrängung und ist mit einem mittschiffs stehenden Bohrturm ausgerüstet. Die Steuerungseinrichtungen sind so verfeinert, daß das Schiff während einer Bohrung seine Position unverändert beibehalten kann.

Das Tiefseebohrprojekt soll wissenschaftliches Probenmaterial aus größeren Meerestiefen liefern, um die Kenntnisse des Alters und der Entwicklung der Ozeane zu erweitern. Beim Bohren tiefer Löcher in die Meeresböden bedient man sich im wesentlichen der Erdölbohrtechnik. Dabei werden gelegentlich Bohrkerne gezogen und in den Bohrlöchern geophysikalische Messungen vorgenommen. Aus den Bohrkernen lassen sich Schlußfolgerungen für das Studium des chemischen und physikalischen Aufbaus der Sedimente, ihrer Herkunft, der Art der Ablagerung, der Transportrichtung und der diagenetischen Verhältnisse ziehen. Durch die geophysikalischen Messungen in den Bohrlöchern können die nichtgekernten Strecken eingeordnet werden.

Auf See werden weiterhin seismische und Magnetometermessungen vorgenommen. Bei den Bohrlochmessungen wird noch erprobt, welche Methode die besten Resultate ergibt.

Versucht wurden innerhalb einer Verrohrung Gamma- und Neutron-Gamma-Messungen, im unverrohrten Bohrloch Gamma-Gamma-Messungen, die üblichen Widerstandsmessungen und eine Accelerometermessung. Für die nächste Reise ist eine Vervollständigung der geophysikalischen Bohrlochmeßprogramme vorgesehen.

Die beim Rotarybohren gewonnenen Bohrkerne von 4,5 m Länge werden in Plastefutteralen an Bord gezogen. Von jedem Kernmarsch wird eine kleine Probe für eine überschlägliche Altersbestimmung entnommen, deren Ergebnis in etwa 15 Min. vorliegt. Danach richtet sich das weitere Kernprogramm. Paläontologische Untersuchungen finden z. T. an Bord statt, größtenteils aber in Spezialinstituten. Die Bohrkerne werden zunächst in Längen von 1,5 m geschnitten und mit Röntgenstrahlen untersucht. Ferner werden die natürliche Gammastrahlung, die Gammastrahlenabnahme, die Wärmeleitfähigkeit und die Schallgeschwindigkeit gemessen. Später erfolgt eine Photographie der längs gespaltenen Bohrkerne in schwarzweiß und farbig. Laufende Penetrometermessungen werden an den Bohrkernen gemacht. Dann erfolgt die Probenahme für Spezialzwecke. Die Hälfte der Kerne wird in Kühlbehältern aufbewahrt. An Bord können ferner Dünnschliffe hergestellt, Wassergehaltsbestimmungen, pH- und Eh-Messungen sowie andere Messungen des nichtgebundenen Wassers vorgenommen werden. Am Ende der Reise kommen die Bohrkerne in ein Bohrkernlager. Typische Proben werden in Speziallaboratorien untersucht.

Auf der ersten Bohrreise wurden in Meerestiefen von 2822 bis 5354 m 11 Bohrungen von 24 bis 770 m Tiefe niedergebracht. Darin wurden jeweils 9,8 m bis 98 m gekernt und davon 1,8 m bis 50 m Bohrkern gewonnen. Insgesamt wurden 3179 m gebohrt. Von 595,25 m Kernstrecken kamen 181,4 m Bohrkern zutage. Der mittlere Kerngewinn beträgt demnach 30,5%.

Die erste Reise von Orange, Texas, durch den Golf von Mexiko nach den Bahamas und über die Bermudaserhebung nach New York sollte eine Reihe wichtiger Fragen klären. Von den bemerkenswerten Ergebnissen ist vor allem der Nachweis eines Salzdiapirs in einer der Sigsbee Knolls (Kuppen) im zentralen Teil des Golfs von Mexiko anzuführen.

Die zweite Bohrreise von New York über den mittelatlantischen Rücken nach Dakar wurde im November 1968 abgeschlossen. Die Veröffentlichung der Ergebnisse dieser Reise ist in Kürze zu erwarten. Eine dritte Reise ging von Dakar über den südlichen mittelatlantischen Rücken nach Rio de Janeiro und eine vierte Reise von Rio de Janeiro durch das Karibische Meer nach Panama. Das mit jeder Reise wechselnde, aus 8 Ozeanographen, Geologen und Geophysikern bestehende Wissenschaftlerkollektiv der „Glomar Challenger" wird im wesentlichen von den USA gestellt, gelegentlich sind auch Spezialisten anderer Nationen beteiligt.

Von den weiteren Reisen der „Glomar Challenger" sind nicht nur wichtige Daten für die Meeresgeologie, sondern auch für andere Geowissenschaften zu erwarten.

H. Reh

Autorenkollektiv

„Meteor" / Forschungsergebnisse

(Geologie und Geophysik, Reihe C — Nr. I)
Berlin—Stuttgart: Verlag Gebrüder Borntraeger 1968. 75 S., zahlr. Abb., Karten, Profile und Tafeln (brosch.)

Die Deutsche Forschungsgemeinschaft widmet das Heft 1 der Reihe C (Geologie und Geophysik) einer Zusammenstellung der Ergebnisse ozeanologischer und ozeanographischer Untersuchungen, die von dem Forschungsschiff „Meteor" aus auf mehreren Fahrten im Indischen Ozean, im Atlantischen Ozean und im Roten Meer ausgeführt wurden (Redaktion: E. Seibold, Kiel, & H. Cloos, Hannover).

In dem ersten Beitrag schildert J. Ulrich vom Institut für Meereskunde an der Universität Kiel die Ergebnisse der Echolotungen im Arabischen Meer. Dabei handelte es sich weniger um grundlegend neue Erkenntnisse, als vielmehr um eine Vertiefung und Detaillierung des bereits vorliegenden Wissens.

M. Hartmann, Geologisch-Paläontologisches Institut der Universität Kiel, und L. Lohmann, Deutsches Hydrographisches Institut, Hamburg, berichten über ihre Untersuchungen der heißen Salzlaugen am Atlantis II — Tief im Roten Meer. Eingehend werden die Verhältnisse geschildert, deren Eigentümlichkeiten hinsichtlich der Temperatur- und Mineralisationssprünge weiterhin noch ungeklärt sind und eingehendere Untersuchungen notwendig machen.

Von G. Einsele, Geologisches Institut der Universität Tübingen, und F. Werner, Geologisches Institut der Universität Kiel, liegt ein Bericht über die Eigenschaften rezenter Sedimente im Nildelta, im Roten Meer und im Golf von Aden vor. Die Ergebnisse sind unter dem Gesichtspunkt der Sedimentologie und der mechanischen Eigenschaften rezenter Ablagerungen bemerkenswert.

D. H. Welte und G. Ebhardt, beide vom Geologischen Institut der Universität Würzburg, untersuchten die Verteilung höherer, geradkettiger Paraffine und Fettsäuren in einem Sedimentprofil des Persischen Golfs. Sie kommen zu dem Schluß, daß die Proben, deren C—14-Alter (organ. C) zwischen 2000 und 9000 Jahren liegt, 100 bis 300 ppm extrahierbare Fettstoffe, und nur 20 bis 70 ppm Kohlenwasserstoffe enthalten. Ihrer Meinung nach besteht kein Zusammenhang zwischen der ursprünglichen Verteilung der homologen Reihen der n-Fettsäuren und der n-Paraffine.

Abschließend legen W. Giesel, Bundesanstalt für Bodenforschung, Hannover, und E. Seibold, Geologisch-paläontologisches Institut der Universität Kiel, eine eindrucksvolle Serie von Echolotungen am ibero-marokkanischen Kontinentalrand vor, in denen die Beziehungen der westlich Gibraltar liegenden Tiefsee-Ebenen zu den Störungszonen, die Verhältnisse der Sockeltiefe, die Mächtigkeit der Lockersedimente etc. zum Ausdruck kommen.

Alle Beiträge schließen mit ausführlichen Literaturverzeichnissen, in denen Interessenten Hinweise auf weitere Quellen finden. Die gesamte Broschüre stellt hinsichtlich der Problematik und der Methodik der modernen Meeresforschung eine interessante, übersichtliche Arbeit dar.

K. Kauter

Neuerscheinungen und Literaturhinweise

Berbig, R., & F. Franke

Netzplantechnik
Verl. f. Bauwesen, Berlin 1968. — 173 S., 81 Abb., 16 Tab.

Bouma, A. H.

Sedimentology of some Flysch deposits. A graphic approach to facies interpretation
Verl. Elsevier, Amsterdam—New York 1962. — 168 S., 3 Beil., 31 Abb., 17 Tab., 8 Taf.

Hofer, A., u. a.

Fachwörterbuch. Begriffe und Sinnbilder der Datenverarbeitung — Schriftenreihe Datenverarbeitung
Verl. Die Wirtschaft, Berlin 1968. — 196 S.

Kudrjawzew, A. A.

Chemie und Technologie des Selens und Tellurs
Isd-wo Metallurgija, Moskau 1968. — 338 S., 56 Abb., 63 Tab.

Lederer, C. M., u. a.

Table of isotopes
Verl. Wiley, New York—London—Sydney 1967. — 318 S., 73 Abb., 18 Tab.

Mamedow, S. N., u. a.

Rationeller Abbau der Steinsalzlagerstätten Aserbaidshans
Isd-wo Akad. nauk Aserbaidsh. SSR, Baku 1967. — 223 S., 66 Abb., 34 Tab.

Roshnowskij, A. A.

Der Abbau von Seifenlagerstätten
Isd-wo Nedra, Moskau 1968. — 304 S., 134 Abb., 49 Tab.

Rudnickij, W. P.

Seismische Bohrlochuntersuchungen
Isd-wo Naukowa Dumka, Kiew 1968. — 137 S., 57 Abb.

Informationen

Neue Eisenerzlagerstätten in der UdSSR

Zu Jahresende sind in der UdSSR zwei neue Eisenerzlagerstätten in der Region von Kriwoi Rog entdeckt worden. Des weiteren kann nahe bei Krementschug in der Ukraine eine Eisenerzlagerstätte mit Vorräten von mehr als 1000 Mt Erz im Tagebau in Kürze abgebaut werden. In Kasachstan wurde eine Lagerstätte von 100 Mt Erz mit einem Gehalt von 54% Fe entdeckt. Sie liegt nur etwa 20 km von einer Bahnstrecke entfernt, was den Transport des Rohstoffs zum Hüttenkombinat in Karaganda bedeutend erleichtert. Der größte Teil des Erzes kann im Tagebau gewonnen werden.

Kohlen in Frankreich

In Frankreich gibt es verhältnismäßig viele Stellen mit Kohlelagerstätten. Die meisten von ihnen besitzen aber nur geringe Vorräte. Alle Steinkohlenlagerstätten sind karbonen Alters. Zwei Reviere, beide an der Nordgrenze des Landes gelegen, ragen an Bedeutung heraus (Abb.):

a) die Departements Pas de Calais und Nord. Sie stellen die Fortsetzung des Aachen—Holland—Belgien-Kohlenreviers dar;

b) das Departement Lorraine (Lothringen), in dem die Fortsetzung des Saar-Kohlenbeckens vorliegt.

Weitere wenig bedeutende Steinkohlenlagerstätten ordnen sich um das Zentralplateau herum an in den Gegenden von Lyon und St. Etienne.

Nachdem in der Zeit nach dem 2. Weltkrieg die Steinkohlenindustrie verstaatlicht worden ist, konnte eine gründliche Rationalisierung dieses Bergbaus durchgeführt werden. Praktisch stehen in den Lagerstätten alle Kohlenarten vom Anthrazit bis zur langflammigen Gaskohle zur Verfügung. Allerdings können die Gestehungskosten aus der Förderung nur mit 67% gedeckt werden.

Frankreich verfügt über 10 Mrd. t „sichere" und „wahrscheinliche" Vorräte. Damit nimmt es an den Weltvorräten nur mit 0,3% teil. Sein Anteil an der Weltproduktion beträgt 3%.

Ihrer Wichtigkeit nach sind folgende Reviere zu nennen:

Valencienne,
Lorraine (Lothringen),
Blanzy, Le Creusot,
St. Etienne,
Brussac,
Alais,
Décazeville, Carmaux, Albi.

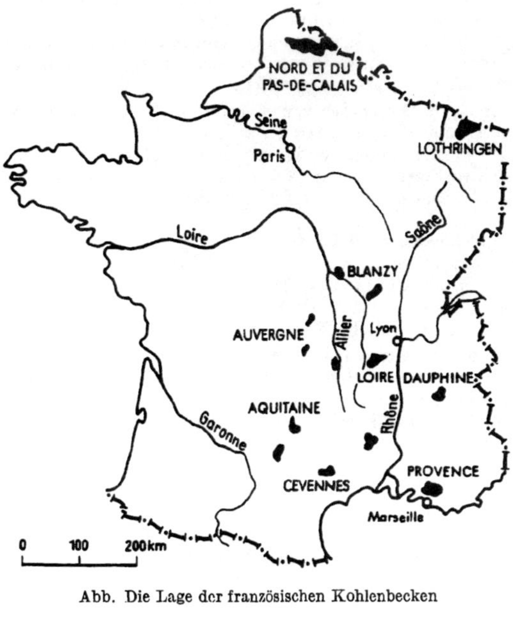

Abb. Die Lage der französischen Kohlenbecken

Nach einem Bericht der „Hohen Behörde" für 1967 gibt es z. Z. in Frankreich 90 Förderschächte. Die mittlere Förderteufe beträgt 570 m, die mittlere Flözmächtigkeit 1,67 m (davon Kohle = 1,55 m). Die mittlere Fördermenge beläuft sich auf 250 t/Tag. Nachstehende Tabelle gibt weitere Einzelheiten wieder:

Tab. Übersicht über den französischen Steinkohlenbergbau

	Steinkohlenförderung		Anzahl der Zechen
	1000 t/Jahr	1000 t/Tag	
Nord und Pas de Calais	23436	90	35
Lorraine (Lothringen)	15032	58	7
Mitte u. Süd	9206	39	22
	47674	187	64

(nach Angaben der Hohen Behörde für 1967)

Die Braunkohle spielt mit nur 0,4 Mrd. t „sicheren" und „wahrscheinlichen" Vorräten keine hervortretende Rolle. Es handelt sich um Glanzkohle bis erdige Braunkohle von Oberkreide-Alter bis Tertiär. Die bedeutendste Lagerstätte liegt in der Provence, und zwar im Becken von Fuveau bei Marseille. Die Gesamtproduktion bewegt sich um 3 Mill. t/Jahr.

Die Bleiproduktion der Länder des OECD-Raums

Die Bleiproduktion des OECD-Raums wurde nach „Bergbauwissenschaften", 1 (1969), im Jahre 1967 auf 1,98 Mill. t veranschlagt. An dem Gesamtergebnis hatten die USA, Kanada und Japan sowie innerhalb der europäischen Mitgliedstaaten Westdeutschland, Großbritannien, Frankreich, Belgien—Luxemburg, Italien, Schweden, Spanien, die Niederlande, Österreich, Dänemark, Griechenland, Norwegen und Portugal Anteil. Gegenüber dem Jahre 1965 hat die Bleiproduktion des OECD-Raums 1967 um 141200 t (= + 7,6%) zugenommen. An dieser ansteigenden Produktionsentwicklung sind die europäischen Mitgliedstaaten im Umfang von 115900 t (= + 14%), Japan mit 41500 t (= + 39%), Kanada mit 6100 t (= + 3,5%) beteiligt, während sich in der Bleiproduktion der USA 1967 gegenüber 1965 ein Rückgang um 22300 t (= − 3%) abzeichnete. In den einzelnen Mitgliedstaaten des OECD-Raums hat sich die Bleiproduktion in den letzten drei Jahren folgendermaßen entwickelt (in 1000 t):

	1965	1966	1967
USA	729,7		707,4
Westdeutschland	224,8	245,7	286,4
Großbritannien	171,0	174,6	189,5
Kanada	169,2	166,8	175,3
Japan	108,5	118,5	150,0
Frankreich	127,6	141,9	144,0
Belgien – Luxemburg	100,6	83,2	97,9
Italien	53,3	64,6	72,3
Schweden	55,0	59,6	58,8
Spanien	53,8	56,2	53,9
Niederlande	16,0	14,9	14,9
Österreich	11,9	9,5	10,7
Dänemark	10,6	10,1	9,9
Griechenland	5,0	7,2	7,6
Norwegen	1,7	1,4	1,4
Portugal	1,2	1,0	1,1

Aufschluß neuer Zinnlagerstätten in Cornwall

Die Gewinnung von Zinnerz in dem Gebiet der klassischen Lagerstätten von Cornwall nimmt in letzter Zeit bedeutend an Umfang zu. Derzeit sind dort zwei Gruben in Betrieb. Sie erzeugen jährlich insgesamt ca. 1200 t Zinn. Als überwiegendes Zinnerz wird der Kassiterit gewonnen, der in einem etwa 16 km langen Gangsystem vorkommt, das vermutlich mit einer Granitintrusion in Verbindung steht. Derzeit wird in der Gegend von Pendarves ein neuer Schacht auf Zinnerz abgeteuft. In dieser Gegend konnten unlängst nach umfangreichen Untersuchungen mehrere neue Gänge mit guter Vererzung festgestellt werden.

Seltene Elemente im Braunkohlenkomplex Hidas

Im Komplex der mitteleozänen Braunkohlen von Hidas, im Meczek-Gebirge der Ungarischen VR, sind nach neuesten Untersuchungen seltene Elemente in auffallender Weise räumlich verteilt. Als Ursache hierfür wird neben den chemischen Eigenschaften dieser Elemente ihr biophiler Charakter angesehen. Strontium ist in der Kohlenasche mit 0,76%, in den Zwischenmitteln mit 0,90% vertreten. Es ist karbonatisch gebunden und ersetzt Ca im Gitter von Aragonitkristallen.

UNO-Ausschuß für Erforschung des Meeresgrundes

Die Generalversammlung der UNO hat, wie PPS in Heft 2/69 mitteilt, einen 42gliedrigen Ausschuß gewählt, der sich mit der friedlichen Nutzung der Bodenschätze des Meeresgrundes und der unter ihm liegenden Schichten außerhalb des Bereichs staatlicher Hoheits- und Verfügungsrechte beschäftigt. Der Ausschuß erhielt den Auftrag, sich gutachtlich zu den Rechtsgrundsätzen zu äußern, die als Grundlage für eine internationale Zusammenarbeit dienen können, und zu berichten, auf welche Weise die in der Tiefsee vermuteten Naturschätze gehoben werden können. Die Mitgliedstaaten der UNO wurden aufgefordert, dem Ausschuß Vorschläge der wissenschaftlichen Arbeitsplanung für das „Internationale Jahrzehnt der Meeresforschung" zu machen, das 1970 beginnt.

Amerikanisches Tiefseebohrprojekt

Die Vorbereitungen für mehrere amerikanische Tiefseebohrprojekte gehen weiter unter der Leitung der „JOIDES", einer Organisation, die mehrere namhafte amerikanische ozeanologische Institute umfaßt. Es sind zwei Bereiche aufgestellt worden, einer für das atlantische, der andere für das pazifische Bohrgebiet. Beide Bereiche sind für die Untersuchungen des anfallenden Kernmaterials in je vier Beiräte untergliedert. Der erste befaßt sich mit Paläontologie und Biostratigraphie, der zweite mit Sedimentpetrologie und Geochemie, der dritte mit Petrologie der magmatischen und metamorphen Gesteine und der vierte mit geophysikalischen Bohrlochmessungen.

Für die Kernbeschreibung wurde ein 15 Punkte umfassendes Standardprogramm ausgearbeitet, auf Grund dessen die Ergebnisse später miteinander verglichen werden können.

Tragbares pH-Meßgerät

Ein neues Gerät für einfache und preiswerte pH-Bestimmungen, mit einer Genauigkeit von 0,1 pH, ist jetzt von der Analytical Measurements Ltd., Feltham, Middx., gefertigt worden. Dieses pH-Meßgerät in Taschenformat ist mit einer wetterfesten Tragtasche komplett mit Sucher, Batterien mit langer Lebensdauer und Kunststofftuben, die Kaliumchlorid und Pufferlösungen enthalten, ausgestattet.

Es besitzt eine Skalaeinteilung von 2 bis 12 pH für leichte Ablesung. Durch einfache Verstellung ergibt es eine Ablesung von 0 bis 14 pH. Wenn das Gerät am Anfang des Tages mit Hilfe der mitgelieferten Pufferlösungen abgeglichen worden ist, wird auf Grund eines Bezugssystems mit Kontrollablesung eine weitere Pufferung in vielen Fällen überflüssig.

Bisher ist das Gerät schon auf zwei biologischen Expeditionen erfolgreich eingesetzt worden. Bei der einen handelte es sich um eine Ökologiebeobachtung von Protozoen in Thermalquellengebieten Islands, bei der anderen um eine Untersuchung von Grundwasserflüssen in der Nähe der 300 m tiefen Balinka-Grube in Jugoslawien.

Das Ministerium für Geologie der UdSSR sandte uns zum Tag der Befreiung folgendes Telegramm:

Die Erkundungsgeologen der Sowjetunion senden Ihnen, den Bergleuten, und dem ganzen deutschen Volk brüderliche Glückwünsche zum Tag der Befreiung Deutschlands vom Hitlerfaschismus. Wir wünschen neue Erfolge für den Aufbau des Sozialismus. Mit brüderlichem Gruß

Michail Maksimow, Sekretär

Kurznachrichten

Die Bohrung Gargždai 7, östlich von Klaipėda im Küstengebiet der **Litauischen SSR,** wurde in 2000 m Teufe erdölfündig. Der Produktionstest lieferte 24 m³ hochwertiges **Erdöl.** Experten vermuten in mehreren tausend m Teufe unter dem Meeresboden der Ostsee bedeutende Erdöllagerstätten.

Die **Erdölproduktion Tunesiens** entwickelt sich planmäßig. Betrug sie 1966 noch 631000 t, so stieg sie 1967 auf 2234000 t und erreichte 1968 ca. 3300000 t. Die Gesamtproduktion stammte dabei aus nur etwa 40 Sonden.

In **Argentinien** wurde an der Bahia Blanca eine **Erdöllagerstätte** entdeckt, deren Vorräte auf 325 Mill. m³ geschätzt werden. Autorisierte Kreise nehmen an, daß mit der Gewinnung dieses Erdöls der Bedarf des Landes auf 30 Jahre gedeckt werden kann.

Bei Vermessungsarbeiten für eine Eisenbahnlinie in **Tansania** zum Nachbarland Sambia wurden **Kohlenlagerstätten** mit Vorräten von ca. 400 Mill. t und **Eisenerzlagerstätten** mit rund 200 Mill. t entdeckt.

Bei der kürzlich entdeckten neuen Kohlenlagerstätte **Australiens,** in der Region von Bulli-Wollongon, soll noch in diesem Jahr ein Probebetrieb anlaufen. Die Vorräte dort werden auf 400 Mt **Kohle** geschätzt.

In der **Republik Somalia** hat eine Geologengruppe der Vereinigten Nationen bei Bur eine **Uranlagerstätte** entdeckt. Analysen haben ergeben, daß nicht nur 1125 g Uran, sondern auch ebensoviel Yttrium und Europium sowie Spuren von Gold, Platin und Nickel pro t gefördert werden können.

Noch in diesem Jahr soll in der **Republik Südafrika,** nordöstlich der bedeutenden Lagerstätte von Rustenburg, eine neue Lagerstätte auf **Platin, Nickel und Paladium** in Abbau genommen werden. Man rechnet bei voller Auslastung mit einer ungefähren Jahresproduktion von 3 t Platin, 1,2 t Paladium und 850 t Nickel.

In einem neuen **Steinbruch** bei Mahmudia, bei **Konstanza,** sollen ab 1970 1,7 Mill. t m³ Kalkstein als Zuschlag für die Hochöfen im Galatzer Hüttenkombinat in der SR Rumänien gewonnen werden.

Das sowjetische Forschungsschiff „Akademik Archangelski" absolviert z. Z. in der **Ostsee** ein Untersuchungsprogramm. Mit geeigneten geophysikalischen Methoden sollen geologische Strukturen ermittelt werden, die auf eine **Erdöl-Erdgas-Führung** hin zu untersuchen wären.

Nach Entdeckung der neuen, unvorstellbar reichen Erdgaslagerstätte im **Tjumengebiet** von Sibirien wird derzeit die Verlegung einer neuen Erdgaspipeline geplant. Diese neue **Transsibirien-Erdgasleitung** läuft unabhängig von dem bereits im Bau befindlichen Rohrstrang der Sibirien—Europa-Pipeline.

Die bisher **tiefste Bohrung** in der **SR Rumänien** liegt bei Ghergheasa im Kreis Buzău. Sie erreichte eine Endteufe von 6200 m. Im Verlauf des derzeit angesetzten Erdölsuchprogramms werden auch im Bezirk Moldau, in Oltenien und im Prahovatal ähnliche Tiefbohrungen niedergebracht.

Die **VR Bulgarien** wird ab 1975 aus der Sowjetunion ca. 5 Mrd. m³ Erdgas beziehen. Dazu ist der Bau einer **Erdgaspipeline** von 700 km Länge vorgesehen. Sie wird von Ismail im Donaudelta über Warna—Burgas—Plovdiv nach Sofia verlaufen.

Nachdem Anfang 1968 die SFR Jugoslawien und Ende 1968 die SR Rumänien mit **Jordanien** einen **Partnerschaftsvertrag** über die Gewinnung von Erdöl und Erdgas abgeschlossen haben, hat sich nunmehr auch die UdSSR bereit erklärt, diesem Land bei der Suche nach Kohlenwasserstoff-Rohstoffen auf wirtschaftlichem, wissenschaftlichem und technischem Gebiet behilflich zu sein.

In den nächsten Heften

der

Zeitschrift für angewandte Geologie

erscheinen u. a. folgende Beiträge

F. Stammberger: Zwei Grundtypen geologischer Suchstrategien

J. Dommenz: Zur Anwendung moderner Methoden der sozialistischen Wirtschaftsführung in der geologischen Erkundung

G. Tischendorf, S. Lächelt & J. Rentzsch: Zu Problemen der Metallogenie in der Deutschen Demokratischen Republik; I. Die metallogenetische Rayonierung des Territoriums der DDR

C. Freese, W. Jung & G. Meyer: Zu einem Lagerstättenplanungsmodell im Kupferschieferbergbau

W. Rasemann: Beitrag zu einer Bemusterungskonzeption für Speicherhorizonte unter Anwendung mathematischer Methoden

H. Hetzer: 20 Jahre geologische Forschung und Erkundung in der DDR

H. J. Rösler & J. Pilot: Anwendung und Bedeutung der Isotopengeochemie

P. Dostal & F. May: Zur Anwendung stabiler Isotope in der Geochemie. Bericht über das 2. Symposium (Oktober 1968, Moskau)

W. A. Uspenskij: Über die Grundlagen der genetischen Klassifikationen fossiler organischer Substanzen verschiedener Art

W. I. Smirnow: Über die Quellen der Substanz endogener Erzlagerstätten

H. Reh: Zum Streit über die Ausbreitung der Ozeane und die Beweglichkeit der Kontinente

B. Preusz: Zur Problematik von objektiven Reflexionsmessungen
I. Prüfungsmöglichkeiten der Standardoberflächen

E. Stolle: Klassifizierung der Veränderlichkeit der wichtigsten Kalilagerstättenmerkmale

ABHANDLUNGEN

des Zentralen Geologischen Instituts

Zuletzt erschienen

Heft 6

H. Pfeiffer

Stratigraphisches Korrelationsschema für das Devon der Deutschen Demokratischen Republik und angrenzender Gebiete

1967 – X und 74 Seiten – 1 Abbildung – 4 Text-Tabellen
5 Anlagen-Tabellen – 1 mehrfarbiges Profil – Halbleinen M 15,–

Heft 7

E. v. Hoyningen-Huene

Stratigraphische Korrelationsschemata für das Siles und das Perm der Deutschen Demokratischen Republik

1968 – XII und 133 Seiten – 7 Abbildungen – 9 Tabellen – 11 Anlagen – Halbleinen M 25,–

Heft 8

H. Döring, W. Krutzsch, D. H. Mai, E. Schulz

Erläuterungen zu den sporenstratigraphischen Tabellen vom Zechstein bis zum Oligozän

1966 – 149 Seiten – 8 Anlagen-Tabellen – Halbleinen M 15,

Heft 9

Instruktion für die Anfertigung einheitlicher ingenieurgeologischer Grundkarten

1967 – VIII und 35 Seiten – Farb- und Zeichenerklärung – 9 Anlagen – Halbleinen M 15,–

Heft 10

Klimaänderungen im Tertiär aus paläobotanischer Sicht

1967 – LII und 228 Seiten – 28 Abbildungen – 11 Bildtafeln – Halbleinen M 30,–

Heft 12

D. Lotsch

Stratigraphisches Korrelationsschema für das Tertiär der Deutschen Demokratischen Republik

1969 – XIV und 438 Seiten – 30 Abbildungen – 35 Anlagen – Halbleinen M 95,–

Heft 14

Autorenkollektiv

Engineering-Geological Mapping in the Countries of the Council of Mutual Economic Aid

1968 – X und 148 Seiten – 28 Abbildungen – 6 Tabellen – 10 Anlagen – Halbleinen M 30,–

In Vorbereitung befinden sich

Heft 11

H. Kästner

Zur Geologie der Kalisalz- und Kohlensäurelagerstätten im südlichen Werra-Kaligebiet

Heft 13

P. Puff

Über den unteren Buntsandstein am Südrand des Thüringer Beckens

Heft 15

H. Pfeiffer

Stratigraphisches Korrelationsschema für das Dinant der Deutschen Demokratischen Republik

---

Bestellungen nimmt die Vertriebsstelle des Zentralen Geologischen Instituts, 104 Berlin, Invalidenstraße 44, entgegen.

Herausgeber: Zentrales Geologisches Institut im Auftrag des Staatssekretariats für Geologie beim Ministerrat der Deutschen Demokratischen Republik. Für die kollektive Chefredaktion: Dr. K. Kauter (Redaktionssekretär), Berlin, Redaktion: 1054 Berlin, Zionskirchstraße 34 (Fernsprecher 426001). Verlag: Akademie-Verlag GmbH, 108 Berlin, Leipziger Straße 3–4 (Fernsprecher 220441, Telex 0112020, Postscheckkonto: Berlin 35021). Bestellnummer des Heftes 1047/15/8. Alleinige Anzeigenannahme DEWAG-WERBUNG, 102 Berlin, Rosenthaler Str. 28–31, und alle DEWAG-Betriebe in den Bezirksstädten der DDR. Die „Zeitschrift für angewandte Geologie" erscheint monatlich, Exportpreis: M 6,–, Sonderpreis für die DDR: M 2,– je Heft. – Satz und Druck: VEB Druckhaus „Maxim Gorki", 74 Altenburg. Veröffentlicht unter der Lizenznummer 1279 des Presseamtes beim Vorsitzenden des Ministerrates der Deutschen Demokratischen Republik. Kartengenehmigung Nr. 385/69, 405/69, 499/69.

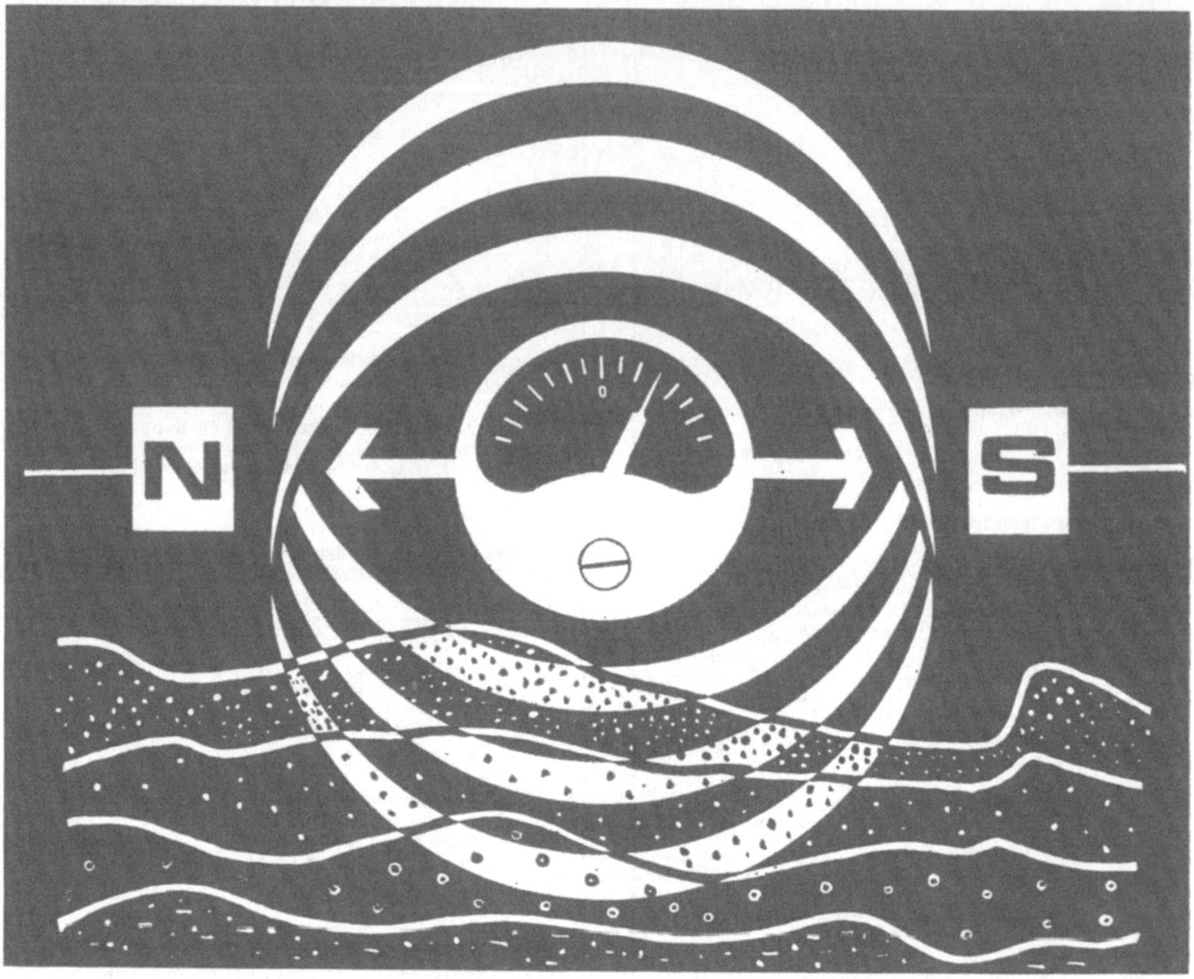

Scheinwiderstandsmesser

IKS-1
IKS-50
IKS-600

Die Geräte sind für elektrische Widerstandsmessungen bei der geologischen Kartierung im Maßstab 1:25000 und größer geeignet.

Anwendungsbereiche: Suche und Erkundung von Erzlagerstätten (Eisen- und Nichteisenerze, Kupferkies- und Kupfer-Nickel-Lagerstätten, seltene Erden und Edelmetalle, Uranerze usw.) sowie Nichterz-Lagerstätten (Steinkohle, Graphit, Glimmer, Piezoquarz, Salze, Baustoffe);
hydrogeologische Erkundungsarbeiten, Bestimmung der Fließrichtung und -geschwindigkeit des Grundwassers;
ingenieurgeologische Arbeiten, Untersuchung von Verfrostung und Verkarstung, Bestimmung der Mächtigkeit von Lockergesteinen und Lokalisierung von Kluftzonen;
archäologische Arbeiten;
landwirtschaftliche Untersuchungen: Bestimmung des Salzgehaltes von Böden usw.

Wichtigste Daten:
Generatorenleistung – 1 bis 600 VA
Betriebsfrequenz – 22,5 Hz
Empfindlichkeit – 8 μV
(Vollausschlag des Mikrovoltmeters)
Die Apparatur ist tragbar und stabil im Betrieb.

Anfragen erbeten an:

V/O Machinoexport

UdSSR, MOSKAU W-330 TELEX: 207

FSC
www.fsc.org
MIX
Papier | Fördert gute Waldnutzung
FSC® C083411

Zeitfracht Medien GmbH
Ferdinand-Jühlke-Straße 7
99095 Erfurt, Deutschland
produktsicherheit@kolibri360.de